高职高专国家示范性院校课改教材

# 电机与电气控制应用技术

主　编　王兵利　　张争刚

副主编　王永红

参　编　徐浩铭　　郭东平

西安电子科技大学出版社

# 内 容 简 介

本教材主要介绍电机学、电力拖动、电气控制的相关知识。全书共分为六个项目：直流电机的应用与维护、变压器的应用与维护、交流电机的应用与维护、控制电机的应用、常用低压电器、三相异步电动机的基本控制线路。

本教材编写时注重理论联系实际，注重对学生的实践应用能力的培养；把握理论知识必须够用的原则，增强实践性、突出实用性；力求基本概念清晰明确，理论推导简化；强化学生的工程意识，培养学生解决实际问题的能力。

本书可作为高职高专电气技术专业、机电一体化专业、数控技术专业和自动化专业的教材，也可供电机使用维护人员参考使用。

**图书在版编目(CIP)数据**

电机与电气控制应用技术/王兵利，张争刚主编.
—西安：西安电子科技大学出版社，2014.2(2020.5 重印)
高职高专国家示范性院校课改教材
ISBN 978-7-5606-3294-0

Ⅰ.① 电… Ⅱ.① 王… ② 张… Ⅲ.① 电机学—高等职业教育—教材
② 电气控制—高等职业教育—教材 Ⅳ.① TM3 ② TM921.5

**中国版本图书馆 CIP 数据核字(2014)第 017727 号**

策　　划　秦志峰
责任编辑　秦志峰　谭　莹
出版发行　西安电子科技大学出版社(西安市太白南路 2 号)
电　　话　(029)88242885　88201467　　　邮　　编　710071
网　　址　www.xduph.com　　　　　电子邮箱　xdupfxb001@163.com
经　　销　新华书店
印刷单位　陕西天意印务有限责任公司
版　　次　2014 年 2 月第 1 版　2020 年 5 月第 2 次印刷
开　　本　787 毫米×1092 毫米　1/16　印张 15
字　　数　317 千字
印　　数　3001～5000 册
定　　价　36.00 元
ISBN 978-7-5606-3294-0/TM

**XDUP 3586001-2**

＊＊＊ 如有印装问题可调换 ＊＊＊

# 前　　言

　　"电机与电气控制应用技术"是高职高专电气技术专业、机电一体化专业、数控技术专业和自动化专业的主要专业基础课。

　　本教材注重理论联系实际，注重学生的实践应用能力的培养；把握理论知识必须够用的原则，增强实践性、突出实用性；力求基本概念清晰明确，理论推导简化；强化学生的工程意识，培养学生解决实际问题的能力。

　　本教材与传统的同类教材相比，在内容组织和结构编排上都做了较大的改革，主要有以下几个特点：

　　(1) 注重知识内容的实用性，内容安排以实用、够用为原则。

　　(2) 侧重于操作能力的培养。

　　(3) 引入项目式教学，将电机学、电力拖动、电气控制相关知识通过六个项目有机地结合在一起，并将每个项目进行细分。

　　本教材共分为六个项目。项目一为直流电机的应用与维护；项目二为变压器的应用与维护；项目三为交流电机的应用与维护；项目四为控制电机的应用；项目五为常用低压电器；项目六为三相异步电动机的基本控制线路。

　　本书由杨凌职业技术学院王兵利、张争刚任主编，包头职业技术学院王永红任副主编，杨凌职业技术学院郭东平、徐浩铭为参编。其中项目一由王永红编写，项目二和项目三由王兵利编写，项目四由徐浩铭编写，项目五及项目六的课题 4 至课题 6 由张争刚编写，项目六的课题 1 至课题 3 由郭东平编写。本书在编写过程中参考了一些相关教材，在此对其作者表示感谢。

　　由于编者水平有限，书中难免有疏漏和不足之处，希望读者批评指正。

编者

2013 年 9 月

# 目　　录

# 项目一　直流电机的应用与维护

## 课题一　认识直流电机

### ◇ 学习目标
- 掌握直流电机的工作原理；
- 了解直流电机的结构；
- 理解直流电机的铭牌；
- 掌握直流电动机的励磁方式；
- 掌握直流电动机的基本方程式。

直流电机是一种利用电磁感应原理实现机电能量转换的装置。它是直流电动机和直流发电机的统称。将直流电能转换成机械能的称为直流电动机，将机械能转换成直流电能的称为直流发电机。

### 一、直流电机的工作原理

#### 1. 直流发电机的工作原理

直流发电机的工作原理图如图 1-1 所示。

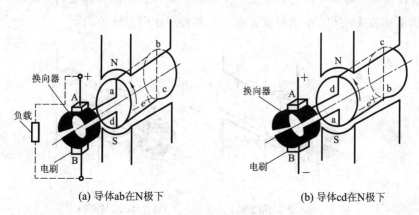

(a) 导体ab在N极下　　　　　　　　(b) 导体cd在N极下

图 1-1　直流发电机工作原理图

N、S 为固定不动的定子磁极，abcd 是固定在可旋转的导磁圆柱体上的转子线圈，线圈的首端 a、末端 d 分别连接到两个相互绝缘并可随线圈一同转动的导电换向片上。转子线圈与外电路的连接是通过放置在换向片上固定不动的电刷来实现的。在定子与转子之间存在的间隙，称为气隙。当有原动机拖动转子以一定的转速逆时针旋转时，根据电磁感应定律可知，在切割磁场的线圈 abcd 中将产生感应电动势。

导体中感应电动势的方向可用右手定则确定。逆时针旋转情况下，在如图 1-1(a) 所示瞬间，导体 ab 产生的感应电动势极性为 a 点高电位，b 点低电位；导体 cd 产生的感应电动势的极性为 c 点高电位，d 点低电位，在此状态下电刷 A 的极性为正，电刷 B 的极性为负。当线圈旋转 180°，在如图 1-1(b) 所示瞬间，导体 ab 产生感应电动势的极性为 a 点低电位，b 点高电位，而导体 cd 产生感应电动势的极性为 c 点低电位，d 点高电位，此时虽然导体中的感应电动势方向已改变，但由于原来与电刷 A 接触的换向片现在与电刷 B 接触，而原来与电刷 B 接触的换向片同时换到与电刷 A 接触，因此电刷 A 的极性仍为正，电刷 B 的极性仍为负。

从图 1-1 中可看出，导体 ab 和导体 cd 中感应电动势方向是交变的，而且与电刷 A 接触的导体总是位于 N 极下，与电刷 B 接触的导体总是在 S 极下，因此电刷 A 的极性总为正，而电刷 B 的极性总为负，这样在电刷两端就可获得直流电动势输出。

**2. 直流电动机的工作原理**

若把电刷 A、电刷 B 接到直流电源上，电刷 A 接电源的正极，电刷 B 接电源的负极，此时在转子线圈中将有电流流过，导体 ab、导体 cd 受到电磁力的作用。

导体所受电磁力的方向用左手定则确定。在图 1-2(a) 所示瞬间，导体 ab 受力方向为从右向左，而导体 cd 受力方向为从左向右。该电磁力与转子半径的乘积为电磁转矩，该转矩的方向为逆时针。当电磁转矩大于阻转矩时，线圈按逆时针方向旋转。

当转子旋转到图 1-2(b) 所示的位置时，导体 cd 受力方向变为从右向左；而导体 ab 受力方向变为从左向右，该转矩的方向仍为逆时针方向，线圈在此转矩作用下继续按逆时针方向旋转。这样虽然导体中流过的电流为交变的，但 N 极下的导体受力方向和 S 极下的导体受力方向并未发生变化，电动机在方向不变的转矩作用下转动。

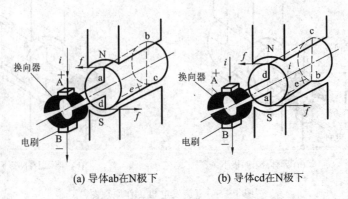

(a) 导体 ab 在 N 极下　　　　(b) 导体 cd 在 N 极下

图 1-2　直流电动机工作原理图

实际直流电机的转子线圈根据实际应用情况可能有多个。这些线圈分布于转子铁心表面的不同位置，并按照一定的规律连接起来，构成电机的转子绕组。磁极 N、S 也是根据需要交替放置多对。

## 二、直流电机的基本结构

直流电机由固定不动的定子与旋转的转子两大部分组成，定子与转子之间有间隙，称为气隙。定子部分包括机座、主磁极、换向极、端盖、电刷等零部件；转子部分包括电枢铁心、电枢绕组、换向器、转轴、风扇等零部件。

直流电机的径向剖面图如图 1-3 所示。

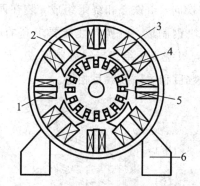

1—换向极；2—主磁极；3—磁轭；4—电枢铁心；

5—电枢绕组；6—底脚

图 1-3　直流电机径向剖面图

### 1. 定子部分

定子的作用是产生磁场和作为电机的机械支架。定子主要由主磁极、换向极、电刷装置、机座、端盖和轴承等部件组成。

1）机座

机座用以固定主磁极、换向极、端盖等，同时又是电机磁路的一部分，称为磁轭。机座一般用铸钢或厚钢板焊接而成，具有良好的导磁性能和机械强度。

2）主磁极

主磁极是电机磁路的一部分，由主磁极铁心和励磁绕组组成，其作用是产生主磁场。

主磁极铁心一般用 1~1.5 mm 厚的钢板冲片叠压铆接而成，套绕组的部分称为极身，靠近气隙的部分称为极靴，极靴比极身要宽，以使励磁绕组牢固地套在主磁极铁心上。励磁绕组由绝缘导线制成，套在主磁极铁心外面，各主磁极上励磁绕组的连接必须使其通过励磁电流时，相邻磁极的极性呈 N 极和 S 极交替排列。整个主磁极用螺钉固定在机座上。主磁极结构如图 1-4 所示。

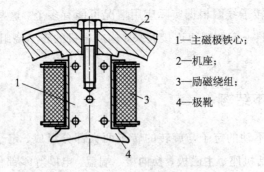

1—主磁极铁心；
2—机座；
3—励磁绕组；
4—极靴

图 1-4　直流电机的主磁极

3）换向极

换向极用来改善电机的换向，由铁心和绕组组成，装在两相邻主磁极之间，如图 1-5 所示。换向极铁心一般用整块钢制成，对换向性能要求高的电机，其换向极铁心用 1.0～1.5 mm 钢板叠压而成。换向极绕组由绝缘导线绕制而成，与电枢绕组串联。整个换向极用螺钉固定在机座上，换向极数目和主磁极数目相等。

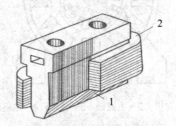

1—换向极铁心；2—换向极绕组

图 1-5　直流电机的换向极

4）电刷装置

电刷装置由电刷、刷握、座圈、弹簧压板和刷杆等组成，如图 1-6 所示，其作用是将直流电压、直流电流引入或引出电枢绕组。电刷由石墨制成，放在刷握内，用弹簧压紧在换向片表面。刷握固定在刷杆上，刷杆装在刷架上，彼此之间绝缘。整个电刷装置的位置调整好后，将其固定。一般电刷装置的组数与电机的主磁极极数相等。

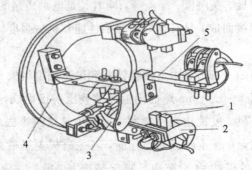

1—电刷；2—刷握；3—弹簧压板；4—座圈；5—刷杆

图 1-6　直流电机的电刷装置

## 2. 转子部分

转子的作用是感应电动势并产生电磁转矩，以实现机电能量转换。它包括电枢铁心、电枢绕组、换向器、转轴和风扇等。

1）电枢铁心

电枢铁心是电机磁路的一部分，铁心中嵌放着电枢绕组，如图 1-7 所示。为减少电机中的铁耗，常将电枢铁心用 0.5 mm 厚的硅钢冲片叠压而成。冲片圆周外缘均匀地冲有许多齿槽，槽内嵌放电枢绕组；冲片上一般还冲有许多圆孔，以形成改善散热效果的轴向通风孔。

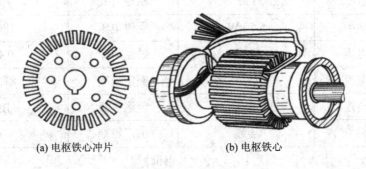

(a) 电枢铁心冲片　　　　　　　(b) 电枢铁心

图 1-7　直流电机的电枢铁心

2）电枢绕组

电枢绕组是直流电机的重要组成部分，其作用是产生感应电动势同时通过电枢电流，它是电机实现机械能与电能转换的关键。通常电枢绕组由绝缘导线绕成的线圈（或称元件）按一定规律连接而成。

3）换向器

换向器是由多个紧压在一起的梯形铜片构成的一个圆筒，片与片之间用一层薄云母绝缘，电枢绕组各元件的始端和末端与换向片按一定规律连接，如图 1-8 所示。

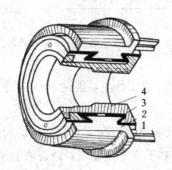

1—连接片；2—换向片；3—云母环；4—V形套

图 1-8　换向器

## 三、直流电机的铭牌和主要系列

### 1. 直流电机的铭牌

在直流电机的外壳上，固定有一牌子，称为铭牌。铭牌上注明这台电机的型号、额定值和主要技术数据，如表1-1所示。

表1-1  直流电机的铭牌

| 直流电动机 | | | |
|---|---|---|---|
| 型号 | Z4-112/2-1 | 励磁方式 | 并励 |
| 额定功率 | 5.5 kW | 励磁电压 | 180 V |
| 额定电压 | 440 V | 励磁电流 | 0.4 A |
| 额定电流 | 15 A | 额定效率 | 81.2% |
| 额定转速 | 3000 r/min | 绝缘等级 | B级 |
| 定额 | 连续 | 出厂日期 | ××××年××月 |
| ××××电机厂 | | | |

1）型号

我国直流电机的型号采用大写汉语拼音字母和阿拉伯数字表示。直流电机的型号含义如图1-9所示。

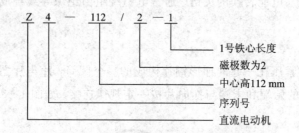

图1-9  直流电机的型号含义示意图

2）额定值

额定值是为保证直流电机能正常工作，且能达到一定寿命而规定的数据，直流电机的额定值主要有以下几个：

（1）额定功率 $P_N$：直流电机在额定情况下允许输出的功率，单位为 W 或 kW。对于直流发电机，是指输出的电功率；对于直流电动机，是指轴上输出的机械功率。

（2）额定电压 $U_N$：在额定情况下，电刷两端输出或输入的电压，单位为 V。

（3）额定电流 $I_N$：在额定情况下，直流电机流出或流入的电流，单位为 A。

额定功率 $P_N$、额定电压 $U_N$ 和额定电流 $I_N$ 三者之间的关系如式（1-1）、式（1-2）所示。

直流发电机：

$$P_N = U_N I_N \qquad (1-1)$$

直流电动机：

$$P_N = U_N I_N \eta_N \qquad (1-2)$$

式中：$\eta_N$——额定效率。

（4）额定转速 $n_N$：在额定状态下直流电机的转速，单位为 r/min。

（5）额定励磁电压 $U_{FN}$：在额定情况下，励磁绕组所加的电压，单位为 V。

（6）额定励磁电流 $I_{FN}$：在额定情况下，通过励磁绕组的电流，单位为 A。

除此以外，直流电机铭牌上还标有励磁方式、额定温升、工作方式、出厂日期等技术数据。

**2. 直流电机的主要系列**

为满足生产机械的要求，将直流电机制造成结构基本相同、用途相似、容量按一定比例递增的一系列直流电机。常见的直流电机产品系列见表 1-2。

**例 1-1** 一台直流电动机，额定功率 $P_N = 22$ kW，额定电压 $U_N = 110$ V，额定转速 $n_N = 1000$ r/min，额定效率 $\eta_N = 85\%$，求其额定电流和额定负载时的输入功率。

**解** 额定电流 $\qquad I_N = \dfrac{P_N}{U_N \eta_N} = \dfrac{22 \times 10^3}{110 \times 85\%} \approx 235.29$ A

输入功率

$$P_1 = U_N I_N = 110 \times 235.29 = 25.88 \text{ kW}$$

**表 1-2　常见直流电机产品系列**

| 代　号 | 含　义 |
|---|---|
| Z3 | 一般用途的中、小型直流电机，包括直流发电机和直流电动机 |
| Z、ZF | 一般用途的大、中型直流电机系列。Z 是直流电动机系列，ZF 是直流发电机系列 |
| ZZJ | 专供起重冶金工业用的专用直流电动机 |
| ZT | 用于恒功率且调速范围比较大的，用于驱动系统的宽调速直流电动机 |
| ZQ | 用于电力机车、工矿电机车和蓄电池供电电车的直流牵引电动机 |
| ZH | 用于船舶上各种辅助机械的船用直流电动机 |
| ZU | 用于龙门刨床的直流电动机 |
| ZA | 用于矿井和有易爆气体场所的防爆安全型直流电动机 |
| ZKJ | 用于冶金、矿山挖掘机用的直流电动机 |

## 四、直流电机的基本公式

直流电机的电枢是实现机电能量转换的核心，一台直流电机运行时，无论是作为发电机还是作为电动机，电枢绕组中都要因切割磁力线而产生感应电动势，同时载流的电枢导体与气隙磁场相互作用产生电磁转矩。

**1. 直流电机的电枢电动势**

在直流电机中,感应电动势是由于电枢绕组和磁场之间的相对运动,即导体切割磁力线而产生的。根据电磁感应定律,电枢绕组中每根导体的感应电动势为 $e = B_x l v$。对于给定的直流电机,电枢绕组的电动势即电枢电动势 $E_a$ 可用式(1-3)表示:

$$E_a = C_e \Phi n \tag{1-3}$$

式中:$C_e$——电动势常数,取决于直流电机的结构;

 $\Phi$——气隙合成磁场的每极磁通,单位为 Wb;

 $n$——转子转速,单位为 r/min;

 $E_a$——电动势,单位为 V。

**2. 直流电机的电磁转矩**

在直流电机中,电磁转矩是由电枢电流与气隙磁场相互作用而产生的电磁力所形成的。根据安培力定律,作用在电枢绕组每一根导体上的电磁力为 $F = B_x l i$,对于给定的直流电机,电磁转矩 $T_{em}$ 的大小可由式(1-4)来表示:

$$T_{em} = C_T \Phi I_a \tag{1-4}$$

式中:$C_T$——转矩常数,取决于直流电机的结构;

 $I_a$——电枢电流,单位为 A;

 $T_{em}$——电磁转矩,单位为 N·m。

电动势常数 $C_e$ 与转矩常数 $C_T$ 之间的关系为

$$C_T = 9.55 C_e \tag{1-5}$$

无论是直流发电机还是直流电动机,在运行时都同时存在感应电动势和电磁转矩。但是,对直流发电机而言,电枢电动势为电源电动势,电磁转矩是制动转矩;而对直流电动机而言,电枢电动势为反电动势,即 $E_a$ 与 $I_a$ 方向相反,电磁转矩是拖动转矩。

# 五、直流电动机的励磁方式

直流电动机的励磁电流与电枢绕组电流一样,均由外电源供给,按励磁绕组和电枢绕组与电源连接关系的不同,可分为他励、并励、串励和复励等电动机类型。

**1. 他励直流电动机**

他励直流电动机的励磁绕组和电枢绕组分别由两个独立的直流电源供电,励磁电压 $U_f$ 与电枢电压 $U$ 彼此无关,如图 1-10(a)所示。

**2. 并励直流电动机**

并励直流电动机的励磁绕组和电枢绕组并联,由同一电源供电,励磁电压 $U_f$ 就是电枢电压 $U$,如图 1-10(b)所示。并励直流电动机的运行特性与他励直流电动机的运行特性相似。

### 3. 串励直流电动机

串励直流电动机的励磁绕组与电枢绕组串联后再接于直流电源，此时的电枢电流就是励磁电流，如图 1-10(c)所示。

### 4. 复励直流电动机

复励直流电动机有并励和串励两个励磁绕组。并励绕组与电枢绕组并联后再与串励绕组串联，然后接于电源上，如图 1-10(d)所示。

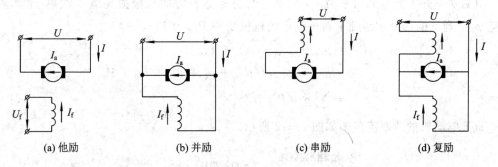

(a) 他励　　　　　(b) 并励　　　　　(c) 串励　　　　　(d) 复励

图 1-10　直流电动机的励磁方式

## 六、他励直流电动机的基本方程式

### 1. 电动势平衡方程式

他励直流电动机的电路图如图 1-11 所示，相关物理量的参考正方向，采用电动机惯例确定。直流电动机运行时，端电压 $U$ 大于电枢电动势 $E_a$，$E_a$ 与 $I_a$ 方向相反。所以电压平衡方程式为

$$U = E_a + I_a R_a \tag{1-6}$$

式中：$R_a$——电枢回路电阻，单位为 $\Omega$。

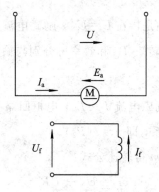

图 1-11　他励直流电动机

### 2. 转矩平衡方程式

他励直流电动机的电磁转矩 $T_{em}$ 为拖动性转矩。当他励直流电动机以恒定的转速稳定运行时，电磁转矩 $T_{em}$ 与负载转矩 $T_L$ 及空载转矩 $T_0$ 相平衡，即

$$T_{em} = T_L + T_0 \tag{1-7}$$

由此可见，他励直流电动机轴上的电磁转矩一部分与负载转矩相平衡，另一部分则是空载损耗。

### 3. 功率平衡方程式

直流电动机工作时，从电网吸取电功率 $P_1$，除去电枢回路的铜损耗 $p_{Cua}$、电刷接触损耗 $p_{Cub}$ 及励磁回路铜耗 $p_{Cuf}$ 外，其余部分功率转变为电枢上的电磁功率 $P_{em}$。

电磁功率并不能全部用来输出，它的一部分是运行时的机械损耗 $p_\omega$、铁损 $p_{Fe}$ 和附加损耗 $p_{ad}$，剩下的部分才是轴上对外输出的机械功率 $P_2$。所以有

$$
\begin{aligned}
P_1 &= p_{Cua} + p_{Cub} + p_{Cuf} + P_{em} \\
&= p_{Cua} + p_{Cub} + p_{Cuf} + p_\omega + p_{Fe} + p_{ad} + P_2 \\
&= \sum p + P_2
\end{aligned}
\tag{1-8}
$$

直流电动机的功率流程图如图 1-12 所示。

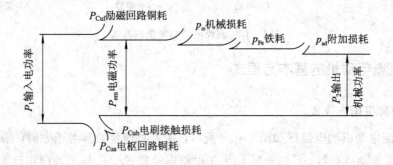

图 1-12　直流电动机的功率流程图

## 七、他励直流电动机的工作特性

他励直流电动机的工作特性是指在 $U = U_N$，励磁电流 $I_f = I_{fN}$，电枢回路不串电阻时，他励直流电动机的转速 $n$、电磁转矩 $T_{em}$ 和效率 $\eta$ 分别与输出功率 $P_2$ 之间的关系。

### 1. 转速特性

转速特性是指在 $U = U_N$，励磁电流 $I_f = I_{fN}$，电枢回路不串电阻时，他励直流电动机的转速 $n$ 与输出功率 $P_2$ 之间的关系，即 $n = f(P_2)$。

由 $U = E_a + I_a R_a$ 和 $E_a = C_e \Phi n$ 得转速公式：

$$n = \frac{U_N - I_a R_a}{C_e \Phi} \tag{1-9}$$

当输出功率增加时，电枢电流增加，电枢压降 $I_a R_a$ 增加，使转速下降；同时由于负载增加时气隙磁场略有减小，又使转速上升。上述两者相互作用的结果，使转速的变化呈略微下降趋势，如图 1-13 所示。

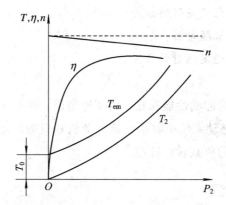

图 1-13 他励电动机的工作特性

他励直流电动机转速随负载变化的程度用他励直流电动机的额定转速调整率 $\Delta n_N \%$ 表示：

$$\Delta n_N \% = \frac{n_0 - n_N}{n_N} \times 100\% \qquad (1-10)$$

式中：$n_0$——空载转速，单位为 r/min;

$n_N$——额定负载转速，单位为 r/min。

他励直流电动机的转速调整率很小，$\Delta n_N \%$ 约为 3%～8%，即速度的稳定性好。

**2. 转矩特性**

转矩特性是指在 $U = U_N$，励磁电流 $I_f = I_{fN}$，电枢回路不串电阻时，他励直流电动机的电磁转矩 $T_{em}$ 与输出功率 $P_2$ 之间的关系，即 $T_{em} = f(P_2)$。

输出功率 $P_2 = T_2 \omega$，所以 $T_2 = \dfrac{P_2}{\omega} = \dfrac{P_2}{2\pi n/60}$。由此可见当转速不变时，$T_2 = f(P_2)$ 为通过原点的直线。实际上，当 $P_2$ 增加时转速 $n$ 有所下降，因此 $T_2 = f(P_2)$ 的关系曲线将稍微向上弯曲。而电磁转矩 $T_{em} = T_2 + T_0$，因此只要在 $T_2 = f(P_2)$ 的关系曲线上加上空载转矩 $T_0$，便可得到 $T_{em} = f(P_2)$ 的关系曲线，如图 1-13 所示。

**3. 效率特性**

由功率平衡方程可知，他励直流电动机的损耗主要是可变的铜损和固定的铁损。当负载 $P_2$ 较小时，效率低；随着负载 $P_2$ 的增加，铁损不变，铜损增加，但总损耗的增加小于负载功率的增加，效率上升；负载继续增大，铜损则按负载电流的平方倍增大，使得效率又开始下降，如图 1-13 所示。

# 课题二　直流电动机的电力拖动基础

## ◇ 学习目标

- 理解电力拖动系统的运动方程式；

- 理解电力拖动系统稳定运行的条件；
- 理解直流电动机的机械特性；
- 了解电力拖动系统稳定运行的条件。

直流电动机具有良好的起动性能和宽广的调速范围，因而在电力拖动系统中被广泛采用。本课题首先介绍电力拖动系统中联系直流电动机和负载的运动方程式，其次介绍电动机的机械特性和生产机械的负载转矩特性。

## 一、电力拖动的基本知识

电力拖动系统可以看成是由直流电动机拖动，并通过传动机构带动生产机械运转的一个动力学整体。虽然直流电动机可以是不同的种类，生产机械的负载性质可以各种各样，但从动力学角度来分析时，它们都服从动力学的统一规律。

### 1. 电力拖动系统的运动方程式

用各种原动机带动生产机械的工作机构运转，以完成一定的生产任务，称为拖动。用直流电动机作为原动机的拖动称为电力拖动。

电力拖动系统一般由直流电动机、生产机械的工作机构、传动机构、控制设备及电源部分组成，如图 1-14 所示。直流电动机作为整个系统的动力，拖动生产机械的工作机构；控制设备是由各种控制电机、电器、自动化元件及工业控制计算机、可编程序控制器等组成的，用以控制直流电动机的运转，从而对生产机械的运动实现自动控制；电源的作用是向直流电动机和其他电气设备供电。最简单的电力拖动系统如日常生活中的电风扇、洗衣机、工业生产中的水泵等，复杂的电力拖动系统如轧钢机、电梯等。

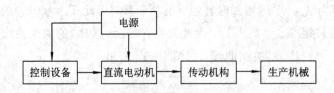

图 1-14 电力拖动系统

最简单的电力拖动系统是直流电动机输出轴直接拖动生产机械运转，这种简单系统称为单轴电力拖动系统，即直流电动机与负载同轴同转速，如图 1-15 所示。

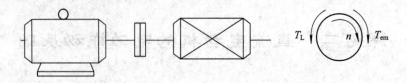

图 1-15 单轴电力拖动系统及轴上转矩

电力拖动系统的基本运动方程式为

$$T_{em} - T_L = J \frac{d\omega}{dt} \tag{1-11}$$

式中：$T_{em}$——电动机的拖动转矩（电磁转矩），单位为 N·m；

$T_L$——生产机械的阻力矩（负载转矩），单位为 N·m；

$\omega$——拖动系统的旋转角速度，单位为 rad/s；

$J$——拖动系统的转动惯量，单位为 kg·m²。

转动惯量 $J$ 可用下式表示为

$$J = m\rho^2 = \frac{G}{g}\left(\frac{D}{2}\right)^2 = \frac{GD^2}{4g} \tag{1-12}$$

式中：$m$——转动体的质量，单位为 kg；

$G$——转动体所受的重力，单位为 N；

$g$——重力加速度，$g = 9.80$ m/s²；

$\rho$——转动体的转动半径，单位为 m；

$D$——转动体的转动直径，单位为 m。

将角速度 $\omega = \frac{2\pi n}{60}$ 和式(1-12)代入式(1-11)中，可得到在工程实际计算中常用的运动方程式：

$$T_{em} - T_L = \frac{GD^2}{375} \frac{dn}{dt} \tag{1-13}$$

式中：$GD^2$——转动物体的飞轮矩，单位为 N·m²，它是直流电动机飞轮矩和生产机械飞轮矩之和，反映了转动体的转动惯性大小。

直流电动机和生产机械各旋转部分的飞轮矩可在相应的产品目录中查到。

**2. 运动方程式中正负号的规定**

在电力拖动系统中，随着生产机械负载类型和工作状况的不同，直流电动机的运行状态将发生变化，即作用在直流电动机转轴上的电磁转矩 $T_{em}$ 和负载转矩 $T_L$ 的大小和方向都可能发生变化。因此，运动方程式(1-13)中的转矩 $T_{em}$ 和 $T_L$ 是带有正负号的代数量。

通常首先选定顺时针或逆时针中的某一个方向为规定正方向，则转速的方向与规定正方向相同时为正，相反时为负；电磁转矩 $T_{em}$ 的方向与规定正方向相同时为正，相反时为负；负载转矩 $T_L$ 的方向与规定正方向相反时为正，相同时为负，如图 1-16 所示。

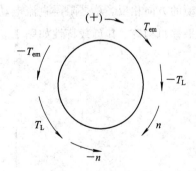

图 1-16　正方向规定

**3. 拖动系统的运动状态分析**

一个电力拖动系统是处于静止或匀速，还是加速或减速，可以根据运动方程式来判定。

(1) 当 $T_{em}-T_L=0$ 时，$\frac{dn}{dt}=0$，电力拖动系统处于静止不动或匀速运行的稳定状态。

(2) 当 $T_{em}-T_L>0$ 时，$\frac{dn}{dt}>0$，电力拖动系统处于加速状态。

(3) 当 $T_{em}-T_L<0$ 时，$\frac{dn}{dt}<0$，电力拖动系统处于减速状态。

当 $T_{em}\neq T_L$ 时，系统处于加速或减速运动状态，其加速度或减速度 $\frac{dn}{dt}$ 与飞轮矩 $GD^2$ 成反比。飞轮矩 $GD^2$ 越大，系统惯性越大，转速变化就越小，则系统稳定性就越好，灵敏度越低。

## 二、生产机械的负载转矩特性

生产机械运行时常用负载转矩标志其负载的大小。不同生产机械的转矩随转速变化规律不同，用负载转矩特性来表征，即生产机械的转速 $n$ 与负载转矩 $T_L$ 之间的关系 $n=f(T_L)$。各种生产机械特性大致可归纳为恒转矩负载特性、恒功率负载特性、通风机型负载特性三种类型。

**1. 恒转矩负载特性**

所谓恒转矩负载，是指生产机械的负载转矩 $T_L$ 的大小不随转速 $n$ 变化，$T_L$ 的大小为常数，这种特性称为恒转矩负载特性。根据负载转矩的方向特点又分为反抗性和位能性恒转矩负载两种。

1) 反抗性恒转矩负载

反抗性恒转矩负载的特点是负载转矩的大小不变，但负载转矩的方向始终与生产机械运动的方向相反，总是阻碍直流电动机的运转。属于这类特性的生产机械有轧钢机和机床的平移机构等。其负载特性如图 1-17 所示。

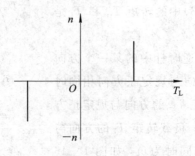

图 1-17　反抗性恒转矩负载特性

2) 位能性恒转矩负载

位能性恒转矩负载的特点是负载转矩由重力作用产生,不论机械运动的方向变化与否,负载转矩的大小和方向始终不变。例如,起重设备提升重物时,负载转矩为阻转矩,其作用方向与直流电动机的旋转方向相反;当下放重物时,负载转矩变为驱动转矩,其作用方向与直流电动机的旋转方向相同,促使直流电动机旋转。其负载特性如图 1-18 所示。

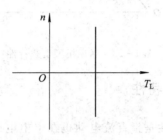

图 1-18　位能性恒转矩负载特性

## 2. 恒功率负载特性

恒功率负载的方向特点是属于反抗性负载;其大小特点是当转速变化时,负载从直流电动机吸收的功率为恒定值:

$$P_L = T_L \omega = T_L \cdot \frac{2\pi n}{60} = 常数 \qquad (1-14)$$

即负载转矩与转速成反比。例如,一些机床切削加工,车床粗加工时,切削量大即 $T_L$ 大,用低速挡;精加工时,切削量小即 $T_L$ 小,用高速挡。恒功率负载特性曲线如图 1-19 所示。

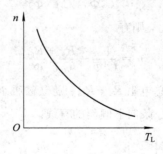

图 1-19　恒功率负载特性

## 3. 通风机型负载特性

通风机型负载的方向特点是属于反抗性负载;其大小特点是负载转矩的大小与转速 $n$ 的平方成正比,即

$$T_L = kn^2 \qquad (1-15)$$

式中:$k$——比例常数。

常见的这类负载如风机、泵类等,其负载特性曲线如图 1-20 所示。

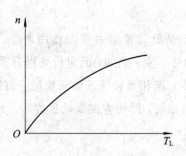

图 1-20 通风机型负载特性

## 三、他励直流电动机的机械特性

他励直流电动机的机械特性是指直流电动机在电枢电压、励磁电流、电枢总电阻为恒值的条件下，直流电动机转速 $n$ 与电磁转矩 $T_{em}$ 之间的关系，即 $n=f(T_{em})$。

### 1. 机械特性表达式

他励直流电动机的机械特性表达式，可由直流电动机的基本方程式推导出。把 $E_a = C_e\Phi n$ 代入 $U=E_a+I_aR_a$ 可得到直流电动机的转速特性为

$$n = \frac{U - I_a R_a}{C_e \Phi} \tag{1-16}$$

把 $I_a = \dfrac{T_{em}}{C_T \Phi}$ 代入上式，可得他励直流电动机的机械特性为

$$n = \frac{U}{C_e \Phi} - \frac{R_a}{C_e C_T \Phi^2} T_{em} \tag{1-17}$$

如在电枢回路中串联一电阻 $R_{pa}$，则有

$$n = \frac{U}{C_e \Phi} - \frac{R_a + R_{pa}}{C_e C_T \Phi^2} T_{em} \tag{1-18}$$

当电源电压 $U$、电枢回路总电阻 $R_a + R_{pa}$、励磁磁通 $\Phi$ 均为常数时，他励直流电动机的机械特性如图 1-21 所示，是一条向下倾斜的直线。

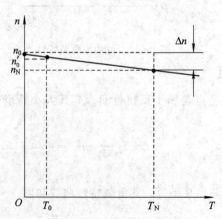

图 1-21 他励直流电动机的机械特性

1）理想空载转速

由机械特性方程式(1-18)可知，当电磁转矩 $T_{em}=0$ 时，有

$$n = n_0 = \frac{U}{C_e \Phi} \qquad\qquad (1-19)$$

$n_0$ 为电动机的理想空载转速，如图 1-21 所示。实际空载运行时，电磁转矩 $T_{em}=T_0 \neq 0$，因此电动机的实际空载转速 $n_0'$ 应当比理想空载转速 $n_0$ 略低，如图 1-21 所示。

2）机械特性曲线的斜率

令 $\beta = \dfrac{R_a + R_{pa}}{C_e C_T \Phi^2}$，$\beta$ 称为机械特性的斜率，$\beta$ 的大小表示机械特性的倾斜程度。$\beta$ 越小，机械特性的倾斜程度越小，机械特性越硬；$\beta$ 越大，机械特性的倾斜程度越大，机械特性越软。

**2. 机械特性**

1）固有机械特性

固有机械特性是指当直流电动机的电枢工作电压和励磁磁通均为额定值，电枢电路中没有串入附加电阻时的机械特性，其方程式为

$$n = \frac{U_N}{C_e \Phi_N} - \frac{R_a}{C_e C_T \Phi_N^2} T_{em} \qquad\qquad (1-20)$$

固有机械特性如图 1-22 中 $R=R_a$ 时的曲线所示，由于 $R_a$ 较小，故他励直流电动机固有机械特性较"硬"。

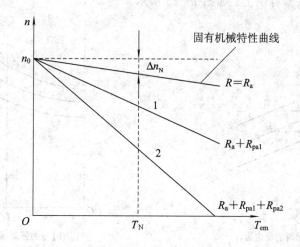

图 1-22 电枢串电阻时的人为机械特性

2）人为机械特性

人为机械特性是通过人为地改变直流电动机电路参数或电枢电压以达到应用目的而得到的机械特性，根据电枢回路电阻 $R_a + R_{pa}$、励磁磁通 $\Phi$ 和电源电压 $U$ 的变化规律可得电枢回路串电阻、改变电枢电压和减弱磁通分别对机械特性曲线的影响，分别如图 1-22、图 1-23 和图 1-24 所示。

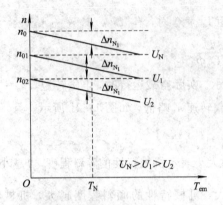
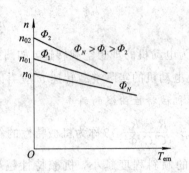

图1-23 改变电枢电压时的人为机械特性　　　　图1-24 减弱磁通时的人为机械特性

## 四、电力拖动系统的稳定运行条件

所谓稳定运行,是指电力拖动系统在某种外界因素的扰动下,离开原来的平衡状态,当外界因素消失后,仍能恢复到原来的平衡状态,或在新的条件下达到新的平衡状态。此处的"扰动"一般是指负载的微小变化或电网电压的波动。直流电动机在电力拖动系统中运行时,会使系统出现稳定运行和不稳定运行两种情况。

为了分析电力拖动系统稳定运行的问题,常把直流电动机的机械特性曲线和负载转矩特性曲线画在同一张坐标图上,如图1-25所示。

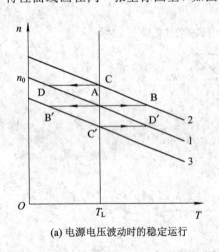
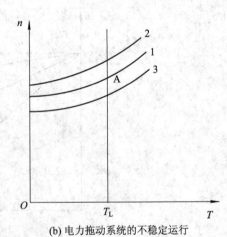

(a) 电源电压波动时的稳定运行　　　　　　　(b) 电力拖动系统的不稳定运行

图1-25 电力拖动系统稳定运行条件

在图1-25(a)的情况下,系统原来运行在直流电动机特性曲线和负载特性曲线的交点A处,A点为运行工作点。假设由于外界的扰动,如电网电压波动使机械特性偏高,由曲线1转为曲线2,扰动作用使原平衡状态受到破坏,但由于惯性,转速还来不及变化,直流电动机的工作点瞬间从A点变到B点。这时电磁转矩将大于负载转矩,转速将沿机械特性曲线 2 由 B 增加到 C。随着转速的升高，直流电动机转矩也逐渐减小，最后在 C 点得到新的平衡，在一个较高的转速下稳定运行。当扰动消失后，机械特性由曲线 2 恢复到原机械特性曲线 1，这时直流电动机的工作点由 C 点瞬间过渡到 D 点，由于电磁转矩小于负载转矩，故转速下降，最后又恢复到原运行点 A，重新达到平衡。

反之，如果电网电压波动使机械特性偏低，由曲线 1 转为曲线 3，则瞬间工作点将转到 $B'$ 点，电磁转矩小于负载转矩，转速将由 $B'$ 点降低到 $C'$ 点，在 $C'$ 点取得新的平衡；而当扰动消失后，工作点又将恢复到原工作点 A。这种情况我们就称为系统在 A 点能稳定运行，而图 1-25(b) 则是一种不稳定运行的情况，读者可自己分析。

从上面的分析可以看出，在电力拖动系统中，直流电动机的机械特性与负载转矩特性有交点（必要条件），且在工作点上满足

$$\frac{\mathrm{d}T_{em}}{\mathrm{d}n} < \frac{\mathrm{d}T_{L}}{\mathrm{d}n} \qquad\qquad (1-21)$$

（充分条件），则系统能稳定运行，式(1-21)即为稳定运行条件。

# 课题三  直流电动机的起动、调速和制动

## ◇ 学习目标

- 掌握他励直流电动机的起动方法；
- 掌握他励直流电动机的调速方法；
- 掌握他励直流电动机的制动运行。

直流电动机的起动、调速和制动是直流电动机拖动机械运行的三种主要方式，本课题主要以他励电动机为例来分析直流电动机的起动、调速和制动。

## 一、他励直流电动机的起动和反转

### 1. 他励直流电动机的起动

直流电动机转子从静止状态开始转动，转速逐渐上升，最后达到稳定运行状态的过程称为起动。直流电动机在起动过程中，电枢电流 $I_a$、电磁转矩 $T_{em}$、转速 $n$ 都随时间变化，是一个过渡过程。开始起动的一瞬间，转速等于零，这时的电枢电流称为起动电流，用 $I_{st}$ 表示，对应的电磁转矩称为起动转矩，用 $T_{st}$ 表示。一般对直流电动机的起动有如下要求：

（1）起动转矩足够大，以便带动负载，缩短起动时间。

（2）起动电流 $I_{st}$ 要限制在一定的范围内。

（3）起动设备操作方便，起动时间短，运行可靠，成本低廉。

1) 直接起动

直接起动就是在他励直流电动机的电枢上直接加以额定电压的起动方式，如图1-26所示。起动时，先闭合开关 $Q_1$ 建立磁场，然后闭合开关 $Q_2$ 全压起动。

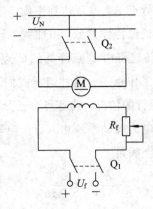

图1-26 他励直流电动机的全压起动

起动开始瞬间，直流电动机转速 $n=0$，电枢电动势 $E_a=C_e\Phi n=0$，由电动势平衡方程式可得起动电流为

$$I_{st}=\frac{U_N}{R_a} \qquad (1-22)$$

起动转矩为

$$T_{em}=C_T\Phi I_{st} \qquad (1-23)$$

由于电枢电阻 $R_a$ 很小，起动电流 $I_{st}$ 的数值可达$(10\sim50)I_N$。显然直接起动时起动电流将达到很大的数值，可能引起过流保护装置的误动作或引起电网电压的下降，影响其他设备的正常运行；同时起动转矩也很大，造成强烈的机械冲击，易使设备受损。因此，除个别容量很小的直流电动机外，一般直流电动机是不容许直接起动的。

由式(1-22)可知，为了限制起动电流，可以采用电枢回路串联电阻或降低电枢电压的起动方法。

2) 电枢回路串电阻起动

起动时在电枢回路串入电阻，以减小起动电流。直流电动机起动后，再逐渐切除电阻，以保证足够的起动转矩。图1-27所示为三级电阻起动控制接线图和机械特性示意图。起动前，应使励磁回路附加电阻为零，以使磁通达到最大值，进而产生较大的起动转矩。

起动开始瞬间，电枢电路中接入全部起动电阻，起动电流 $I_{st}=\dfrac{U_N}{R_a+R_{st1}+R_{st2}+R_{st3}}$ 达到最大值，随着直流电动机转速的不断增加，电枢电流和电磁转矩将逐渐减小，直流电动机沿着曲线1的箭头所指的方向变化。当转速升高至 $n_1$ 时，将接触器 $KM_3$ 触头闭合，电阻 $R_{st3}$ 短接，由于机械惯性转速不能突变，直流电动机将瞬间过渡到特性曲线2上的 c 点，直流电动机又沿曲线2的箭头继续加速。当转速升高至 $n_2$ 时，将接触器 $KM_2$ 触头闭合，电阻 $R_{st2}$ 短接，由于机械惯性转速不能突变，直流电动机将瞬间过渡到特性曲线3上的 e 点，直流电动机又沿曲线 3 的箭头继续加速。当转速升高至 $n_3$ 时，将接触器 $KM_1$ 触头闭合，电阻 $R_{st1}$ 短接，由于机械惯性转速不能突变，直流电动机将瞬间过渡到固有特性曲线 4 上的 g 点，直流电动机又沿曲线 4 的箭头继续加速，最后稳定运行在固有特性曲线上的 h 点，起动过程结束。

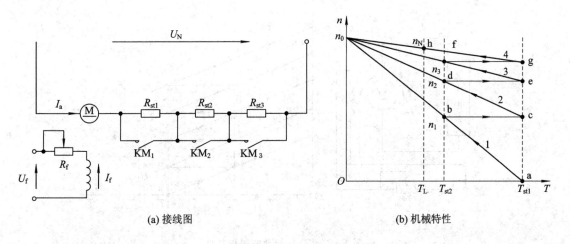

(a) 接线图                (b) 机械特性

图 1-27  他励直流电动机电枢回路串电阻起动

电枢串电阻起动设备简单，操作方便，但能耗较大，它不宜用于频繁起动的大、中型直流电动机，可用于小型直流电动机的起动。

**例 1-2**  一台他励直流电动机的额定功率 $P_N = 55\ kW$，额定电压 $U_N = 220\ V$，额定电流 $I_N = 287\ A$，额定转速 $n_N = 1500\ r/min$，电枢回路总电阻 $R_a = 0.032\ \Omega$，直流电动机拖动额定恒转矩负载。试求：

(1) 全压起动时的起动电流是多少？

(2) 若采用电枢回路串电阻起动，要求将起动电流限制在 $1.8I_N$ 以内，应串入的电阻值和起动转矩的大小是多少？

**解**  (1) 全压起动时的起动电流为

$$I_{st} = \frac{U_N}{R_a} = \frac{220}{0.032} = 6875\ A$$

(2) 应串入的电阻值为

$$R = \frac{U_N}{1.8I_N} - R_a = \frac{220}{1.8 \times 287} - 0.032 = 0.394\ \Omega$$

$$C_e\Phi_N = \frac{U_N - I_N R_a}{n_N} = \frac{220 - 287 \times 0.032}{1500} = 0.141$$

起动转矩为

$$T_{st} = C_T\Phi_N I_{st} = 9.55 \times C_e\Phi_N \times 1.8I_N$$
$$= 9.55 \times 0.141 \times 1.8 \times 287 = 695.63\ N \cdot m$$

3) 降低电枢电压起动

降低电枢电压起动，即起动前将施加在直流电动机电枢两端的电源电压降低，以减小起动电流，直流电动机起动后，再逐渐提高电源电压，使起动电磁转矩维持在一定数值，保证直流电动机按需要的加速度升速，其接线原理图和机械特性示意图如图1-28所示。

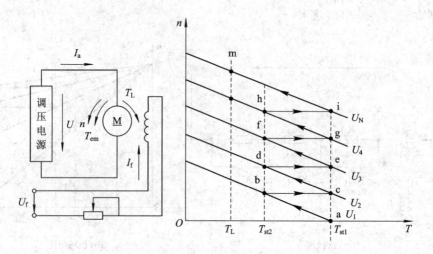

图1-28 降压起动的机械特性

起动时先接上励磁电源，并使励磁电流为额定励磁电流，调节电源电压使起动电流不超过$(1.5 \sim 2)I_N$。从a点开始加速，转速上升，感应电动势$E_a$将增大，使电枢电流和电磁转矩逐渐减小，此时，再逐步增加电源电压，同时使起动电流限制在一定范围之内，直流电动机沿图中a-b-c-d-e-f-g-h-i点加速，直到电源电压增加到额定电压$U_N$时，直流电动机在固有机械特性m点上稳定运行，降压起动过程结束。

降压起动是一种比较理想的起动方法。起动过程中的损耗小，起动比较平稳，但须有专用的调压直流电源，设备投资较大。此法多用于要求经常起动的场合和大中型直流电动机的起动。

**2. 他励直流电动机的反转**

由于生产工艺的要求，有些直流拖动系统需要直流电动机具备正反转旋转的功能。要使直流电动机反转，必须改变电磁转矩的方向，从转矩公式$T_{em} = C_T \Phi I_a$可知，电磁转矩的方向由磁通方向和电枢电流的方向决定。所以，只要改变磁通或电枢电流任意一个参数的方向，即可改变电磁转矩方向。

通常直流电动机的反转实现方法有两种：

（1）改变励磁电流方向。保持电枢两端电压极性不变，将励磁绕组反接，使励磁电流反向，磁通即改变方向。

（2）改变电枢电压极性。保持励磁绕组两端的电压极性不变，将电枢绕组反接，电枢电流即改变方向。

由于他励直流电动机的励磁绕组匝数多、电感大，励磁电流从正向额定值变到反向额定值的时间长，反向过程缓慢，而且在励磁绕组反接断开瞬间，绕组中将产生很大的自感电动势，可能造成绝缘击穿，所以实际应用中大多采用改变电枢电压极性的方法来实现直流电动机的反转。但在直流电动机容量很大，对反转速度变化要求不高的场合，为了减小控制电器的容量，可采用改变励磁绕组极性的方法来实现直流电动机的反转。

## 二、他励直流电动机的调速

为了提高生产效率，满足生产工艺和产品质量的要求，拖动生产机械的直流电动机在运行时转速应能够调节。人为改变直流电动机转速的方法称为调速。

根据他励直流电动机的转速公式：

$$n = \frac{U - I_{a}(R_{a} + R_{pa})}{C_{e}\Phi} \qquad (1-24)$$

可见，改变直流电动机转速有三种方法：改变电枢回路所串电阻 $R_{pa}$；改变电枢电源电压；改变气隙磁通。

**1. 调速指标**

为了评价各种调速方法的优缺点，对调速方法提出了一定的技术经济指标，通常称为调速指标。

1）调速范围 $D$

调速范围 $D$ 是指直流电动机在额定负载时，所能达到的最高转速 $n_{max}$ 与最低转速 $n_{min}$ 之比，即

$$D = \frac{m_{max}}{m_{min}} \qquad (1-25)$$

不同的机械对调速的范围要求不同，例如车床要求 $D=20\sim120$，龙门刨床要求 $D=10\sim40$，轧钢机要求 $D=3\sim10$ 等。

直流电动机最高转速受直流电动机换向及机械强度的限制，最低转速受转速相对稳定性（即静差率）要求的限制。

2）静差率 $\delta$

静差率 $\delta$ 是指电动机在某一条机械特性曲线上运行时，由理想空载到额定负载运行的转速降 $\Delta n$ 与理想空载转速 $n_0$ 之比（用百分数表示），即

$$\delta = \frac{\Delta n}{n_0} \times 100\% = \frac{n_0 - n_N}{n_0} \times 100\% \qquad (1-26)$$

静差率的大小反映了转速的相对稳定性，即负载波动时，转速变化的程度。转速变化小，稳定性就好。图 1-29 中机械特性 1 比机械特性 2"硬"，所以 $\delta_1 < \delta_2$。静差率除与机械特性硬度有关外，还与理想空载转速 $n_0$ 成反比。对于同样"硬度"的特性，如图 1-29 中特性 1 和特性 3，虽然转速降相同，$\Delta n_1 = \Delta n_3$，但其静差率却不同，故 $\delta_1 < \delta_3$。为了保证转速的相对稳定性，常要求静差率 $\delta$ 应不大于负载允许值。

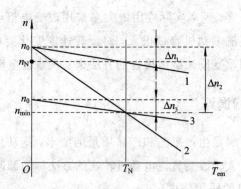

图 1-29 不同机械特性的静差率

调速范围与静差率互相制约,机械的静差率要求,限制了直流电动机允许达到的最低转速 $n_{\min}$,从而限制了调速范围,因此调速的机械必须同时给出调速范围与静差率这两项指标,以便选择适当的调速方法。

3) 调速的平滑性

调速的平滑性是指相邻两级转速的接近程度,用平滑系数 $\Psi$ 表示,即

$$\Psi = \frac{n_i}{n_{i-1}} \tag{1-27}$$

平滑系数越接近 1,说明调速的平滑性越好。如果转速连续可调,其级数趋于无穷多,称为无级调速,$\Psi = 1$,其平滑性最好;调速不连续,级数有限,称为有级调速。

4) 调速的经济性

调速的经济性是指对调速所需的设备投资、调速过程中的能量损耗、直流电动机的能力在调速时能否得到充分利用等方面进行比较,在满足一定的技术指标下,确定调速方案,力求调速所需的设备投资小、能量损耗小,在满足负载要求的前提下,尽可能使直流电动机得到充分利用,且维护方便。

**2. 电枢串电阻调速**

他励直流电动机拖动负载运行时,保持电源电压及励磁电流为额定值不变,在电枢回路中串入不同值的电阻,直流电动机将运行于不同的转速。

从图 1-30 可以看出,负载转矩 $T_L$ 不变,电枢回路串入的电阻越大,直流电动机的机械特性的斜率越大,直流电动机的负载转矩和负载的机械特性的交点将下移,即直流电动机稳定运行时的转速降低,图中 $R_2 > R_1$。电枢串电阻调速方法的调速范围只能在额定转速与零转速之间调节。

电枢串电阻调速方法的优点是设备简单,调节方便;缺点是调速范围小。电枢回路串入电阻后直流电动机的机械特性变"软",当负载变动时直流电动机产生较大的转速变化,即转速稳定性差,而且调速效率较低。电枢串电阻调速在对调速性能要求不高的场合还是得到了较为广泛的应用。

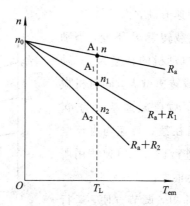

图 1-30   电枢串电阻调速的机械特性

### 3. 改变电枢电源电压调速

他励直流电动机的电枢回路不串电阻，而由一可调节的直流电源向电枢供电。励磁绕组由另一电源供电，一般保持励磁磁通为额定值。电枢电源电压不同时，直流电动机拖动负载将运行于不同的转速上，如图 1-31 所示，图中的负载为恒转矩负载。

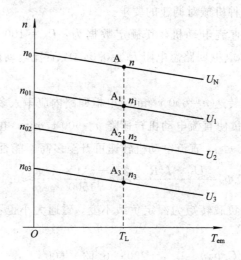

图 1-31   改变电枢电压调速的机械特性

图 1-31 中 $U_N > U_1 > U_2 > U_3$，从图中可以看出，电枢电源电压越低，转速也越低。同样，改变电枢电源电压调速方法的调速范围也只能在额定转速与零转速之间调节。

改变电枢电源电压调速时，直流电动机机械特性的"硬度"不变，因此，即使直流电动机在低速运行时，转速随负载变动而变化的幅度较小，即转速稳定性好。当电枢电源电压连续调节时，转速变化也是连续的，即可实现无级调速。

改变电枢电源电压调速方法的优点是调速平滑性好，调速效率高，转速稳定性好；缺点是所需的可调压电源设备投资较高。这种调速方法在直流电力拖动系统中被广泛应用。

### 4. 弱磁调速

保持他励直流电动机电枢电源电压不变，电枢回路也不串接电阻，减少直流电动机的励磁磁通，可使直流电动机转速升高。

从图1-32可以看出，负载转矩 $T_L$ 不变，当励磁磁通为额定值 $\Phi_N$ 时，直流电动机的转速为 $n$；励磁磁通减少为 $\Phi_1$ 时，理想空载转速增大，同时机械特性斜率也变大，转速为 $n_1$；励磁磁通减少为 $\Phi_2$ 时，转速为 $n_2$。弱磁调速是指在额定转速与直流电动机所允许的最高转速之间进行调节。单独使用弱磁调速方法，调速的范围不会很大。

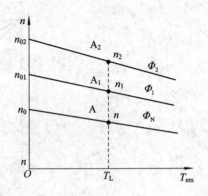

图1-32 弱磁调速的机械特性

弱磁调速的优点是设备简单，调节方便，运行效率也较高，适用于恒功率负载；缺点是励磁过弱时，机械特性的斜率大，转速稳定性差，拖动恒转矩负载时，可能会使电枢电流过大。

在实际电力拖动系统中，可以将几种调速方法结合起来，这样，可以得到较宽的调速范围，直流电动机可以在调速范围之内的任何转速上运行，而且调速时损耗较小，运行效率较高，能很好地满足各种机械对调速的要求。

**例1-3** 一台他励直流电动机，其额定数据为：$P_N = 100$ kW，$U_N = 220$ V，$I_N = 511$ A，$n_N = 1500$ r/min，电枢回路总电阻 $R_a = 0.04$ Ω，直流电动机拖动额定恒转矩负载运行，试求：

（1）欲使直流电动机转速 $n = 600$ r/min，电枢回路内应串入多大的电阻 $R$？

（2）采用降压调速，欲使直流电动机转速降 $n = 600$ r/min，电压应降至多少？

（3）将磁通减弱到 $0.9\Phi_N$，直流电动机转速可升至多高？能否长期运行？

**解**
$$C_e\Phi_N = \frac{U_N - I_N R_a}{n_N} = \frac{220 - 511 \times 0.04}{1500} \approx 0.13$$

（1）因为调速前后的负载转矩为额定负载不变，磁通大小也不变，所以电枢电流在调速前后保持恒定，所以

$$R = \frac{U_N - C_e\Phi_N n}{I_N} - R_a = \frac{220 - 0.13 \times 600}{511} - 0.04 \approx 0.24 \text{ Ω}$$

（2）采用降压调速，调速前后负载不变，磁通不变，电枢电流不变，所以

$$U = C_e\Phi_N n + I_N R_a = 0.13 \times 600 + 511 \times 0.04 = 98.44 \text{ V}$$

（3）若 $\Phi = 0.9\Phi_N$，负载不变，则调速前后转矩不变，即 $C_T\Phi_N I_N = 0.9 C_T\Phi_N I_a$，调速后的电枢电流为

$$I_a = \frac{C_T\Phi_N I_N}{0.9 C_T\Phi_N} = \frac{1}{0.9} \times 511 = 567.78 \text{ A}$$

因为 $I_a > I_N$，所以直流电动机不能长期运行。

电机转速将升至：

$$n = \frac{U_N - I_a R_a}{0.9 C_e\Phi_N} = \frac{220 - 567.78 \times 0.04}{0.9 \times 0.13} \approx 1686.23 \text{ r/min}$$

### 三、他励直流电动机的电气制动

所谓制动，就是使直流电动机的轴上产生一个与旋转方向相反的力矩，以加快直流电动机停车的速度或阻止直流电动机转速增大。制动对于提高劳动生产率和保证人身及设备安全，有着非常重要的意义。

制动的方法有机械制动和电气制动两大类。利用机械装置使直流电动机在断开电源后迅速停转的方法叫机械制动，如电磁抱闸制动器制动和电磁离合器制动。在直流电动机的轴上施加一个与旋转方向相反的电磁转矩，使直流电动机停转的方法叫电气制动。由于电气制动容易实现自动控制，所以在电力拖动系统中，广泛采用电气制动的方法。

他励直流电动机的电气制动方法有三种：能耗制动、反接制动和回馈制动。

**1. 能耗制动**

能耗制动是把正处于电动运行状态的直流电动机电枢绕组从电源断开，并立即与一个附加制动电阻相连接构成闭合电路，其工作原理如图 1-33 所示。

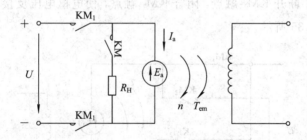

图 1-33　能耗制动原理图

制动前接触器 $KM_1$ 触点闭合，KM 触点断开，直流电动机处于电动稳定运行状态。在电动运行中保持励磁不变，断开 $KM_1$ 触点，闭合 KM 触点经电阻 $R_H$ 将电枢回路闭合，则进入能耗制动。

能耗制动时，直流电动机励磁不变，电枢电源电压 $U=0$，由于机械惯性，制动初始瞬间转速 $n$ 不能突变，仍保持原来的方向和大小，电枢感应电动势 $E_a$ 也保持原来的大小和方向，而电枢电流 $I_a$ 为

$$I_a = \frac{U_N - E_a}{R_a + R_H} = \frac{-E_a}{R_a + R_H} \qquad (1-28)$$

从式(1-28)可见，电流 $I_a$ 变为负，说明其方向与原来电动运行方向相反，因此电磁转矩 $T_{em}$ 也反向，表明此时 $T_{em}$ 的方向与转速 $n$ 的方向相反，$T_{em}$ 起制动作用。

在能耗制动过程中，直流电动机靠惯性旋转，电枢通过切割磁场将机械能转变成电能，再消耗在电枢回路电阻 $R_a + R_H$ 上，因而称此过程为能耗制动。

图 1-34 中，曲线 1 为直流电动机稳定运行时的机械特性，曲线 2 为能耗制动时的机械特性。从图可以看出，能耗制动开始，直流电动机的运行点从 A 点瞬间过渡到 B 点，然

后沿机械特性2转速逐渐下降。如果直流电动机拖动的是反抗性恒转矩负载，当 $n=0$ 时，$T_{em}=0$，拖动系统停车；如果直流电动机拖动的是位能性恒转矩负载，当 $n=0$ 时，系统在负载带动下将开始反向旋转，直流电动机继续沿机械特性 2 运行直到 C 点稳定运行，直流电动机在 C 点上的稳定运行就叫做"能耗制动运行"。

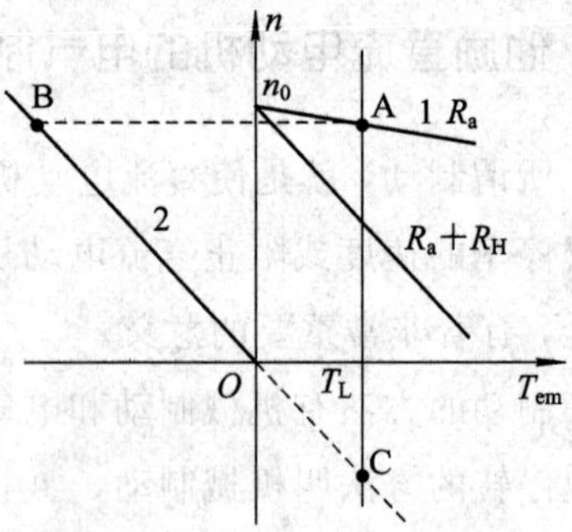

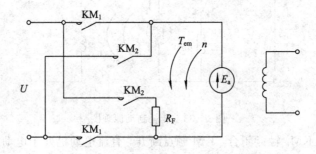

图 1-34 能耗制动机械特性

### 2. 反接制动

反接制动分为电枢电压反接制动和倒拉反接制动。

1）电枢电压反接制动

如图 1-35 所示，制动前，图中的接触器 $KM_1$ 触点闭合，接触器 $KM_2$ 触点断开，假设此时直流电动机处于正向电动运行状态，电磁转矩 $T_{em}$ 与转速 $n$ 的方向相同。

在电动运行中，断开 $KM_1$ 触点，闭合 $KM_2$ 触点，使电枢电压反接并串入电阻 $R_F$，则进入制动，如图 1-35 所示。

图 1-35 电枢电压反接制动原理图

反接制动时，加到电枢两端的电源电压为反向电压 $-U_N$，同时接入反接制动电阻 $R_F$。反接制动初始瞬间，由于机械惯性，转速不能突变，仍保持原来的方向和大小，电枢感应电动势也保持原来的大小和方向，而电枢电流变为

$$I_a = \frac{-U_N - E_a}{R_a + R_F} = -\frac{U_N + E_a}{R_a + R_F} \tag{1-29}$$

从式（1-29）可知，电枢电流 $I_a$ 变负，电磁转矩 $T_{em}$ 也随之变负，说明反接制动时 $T_{em}$ 与 $n$ 的方向相反，$T_{em}$ 为制动性转矩。

图 1-36 中，曲线 1 为直流电动机稳定运行时的机械特性，曲线 2 为电枢电压反接时的机械特性。从图可以看出，反接制动开始，直流电动机的运行点从 A 点瞬间过渡到 B 点，然后沿机械特性 2 转速逐渐下降，当到 C 点时，$n=0$，直流电动机应立即断开电源，拖动系统制动停车过程结束。

如果直流电动机拖动的是反抗性恒转矩负载，当反接制动过程到达 C 点时，$n=0$，

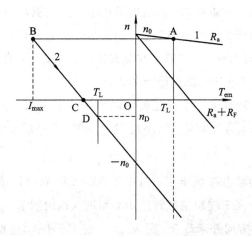

图 1－36　电枢电压反接制动机械特性

$T_{em} \neq 0$，此时，若直流电动机不立即断开电源，当$-T_{em} > -T_L$时，拖动系统将处于停车状态；当$-T_{em} < -T_L$时，拖动系统将会反向起动，直到在 D 点稳定运行。

反接制动的制动转矩大，制动速度快，适合于要求快速制动或频繁正、反转的电力拖动系统，先用反接制动达到迅速停车，然后接着反向起动并进入反向稳态运行，反之亦然。对于只要求准确停车的系统，反接制动不如能耗制动方便。

2）倒拉反转反接制动

倒拉反转反接制动实现的条件是直流电动机拖动的必须是位能性负载。如图 1－37 所示，初始时 $KM_1$ 触点闭合，当直流电动机提升重物时，将接触器 $KM_1$ 触点断开，串入较大电阻 $R_F$，使提升的电磁转矩小于下降的位能转矩，拖动系统将进入倒拉反转反接制动。

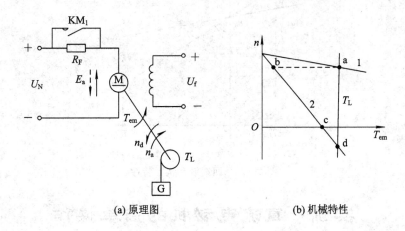

（a）原理图　　　　　　　　　　　　　（b）机械特性

图 1－37　电枢电压反接制动机械特性

进入反接制动时，转速 $n$ 反向为负值，使电动势 $E_a$ 也反向为负值，电枢电流为

$$I_a = \frac{U_N - (-E_a)}{R_a + R_F} = \frac{U_N + E_a}{R_a + R_F} \qquad (1-30)$$

电枢电流为正值，所以电磁转矩也应为正值（保持原方向），与转速 $n$ 方向相反，直流电动机运行在制动状态。

在由提升重物转为下放重物时，直流电动机工作点从机械特性曲线 1 上 a 点瞬间跳至对应的人为机械特性曲线 2 上的 b 点，由于 $T_{em} < T_L$，直流电动机减速沿曲线 2 下降至 c 点，在 c 点，$n = 0$，此时仍有 $T_{em} < T_L$，在负载重物的作用下，直流电动机被倒拉而反转起来，重物开始下放，直流电动机稳定运行在 d 点。

显而易见，下放重物的稳定运行速度可以因串入电阻 $R_F$ 的大小不同而异，制动电阻 $R_F$ 越大，下放速度越快。这种制动方式不能用于停车，只可用于低速下放重物。

**3. 回馈制动**

保持直流电机电动状态接线不变，由于外界的原因如带位能性负载下降、电车下坡，使直流电动机的转速 $n$ 高于理想空载转速 $n_0$，则进入回馈制动。

回馈制动时，转速方向并未改变，但 $n > n_0$，使 $E_a > U_N$，电枢电流为

$$I_a = \frac{U_N - E_a}{R_a} \tag{1-31}$$

从式(1-31)可知，电枢电流 $I_a$ 变负，电磁转矩 $T_{em}$ 也随之变负，与转速 $n$ 方向相反，直流电动机运行在制动状态。

如图 1-38 所示是带位能性负载下降时的回馈制动机械特性，直流电动机电动运行带动位能性负载下降(以下降方向为规定正方向)，在电磁转矩和负载转矩的共同驱动下，转速沿特性曲线 1 逐渐升高，进入回馈制动后将稳定运行在 a 点上。需要指出的是，此时电枢回路不允许串入电阻，否则将会稳定运行在很高转速的 b 点上。

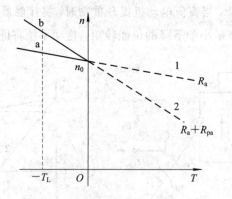

图 1-38　回馈制动机械特性

# 实训　直流电动机的简单操作

## 一、任务目标

(1) 学习直流电动机实验的基本要求与安全操作注意事项。

(2) 认识在直流电动机实验中所用的电机、仪表、变阻器等组件及使用方法。

（3）熟悉他励直流电动机（即并励直流电动机按他励方式）的接线、起动、改变电机转向与调速的方法。

## 二、预习要点

（1）如何正确选择并使用仪器仪表，特别是电压表、电流表。

（2）直流电动机起动时，为什么在电枢回路中需要串接起动变阻器？不串接会产生什么严重后果？

（3）直流电动机起动时，励磁回路串接的磁场变阻器应调至什么位置？为什么？若励磁回路断开造成失磁时，会产生什么严重后果？

（4）直流电动机调速及改变转向的方法。

## 三、实训设备

实训所需设备如表1-3所示。

表 1-3  设 备 材 料 表

| 序号 | 型号 | 名　　称 | 数量 |
|------|------|---------|------|
| 1 | DD03 | 导轨、测速发电机及转速表 | 1台 |
| 2 | DJ15 | 并励直流电动机 | 1台 |
| 3 | D31 | 直流数字电压、毫安、安培表 | 2件 |
| 4 | D44 | 可调电阻器、电容器 | 1件 |
| 5 | D51 | 波形测试及开关板 | 1件 |

## 四、实训内容和步骤

### 1. 认识实验台

认识DDSZ-1型电机及电气技术实验装置各面板布置及使用方法，了解电机实训的基本要求、安全操作和注意事项。

### 2. 用伏安法测电枢的直流电阻

（1）按图1-39接线，电阻$R$用D44上1800 Ω和180 Ω串联（共1980 Ω）得到并调至最大。A表选用D31直流、毫安、安培表，量程选用5 A档。开关S选用D51挂箱。

（2）经检查无误后接通电枢电源，并调至220 V。调节$R$使电枢电流达到0.2 A（如果电流太大，可能由于剩磁的作用使电机旋转，无法进行测量；如果此时电流太小，可能由于接触电阻产生较大的误差），迅速测取电枢两端电压$U$和电流$I$。将电枢分别旋转1/3周和2/3周，同样测取$U$、$I$三组数据列于表1-4中。

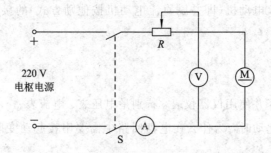

图 1-39  测电枢绕组直流电阻接线图

（3）增大 $R$ 使电流分别达到 0.15 A 和 0.1 A，用同样的方法测取六组数据列于表 1-4 中。

取三次测量的平均值作为实际冷态电阻值：

$$R_a = \frac{1}{3}(R_{a1} + R_{a2} + R_{a3})$$

表 1-4  测量数据及计算结果                          室温_____℃

| 序号 | $U/V$ | $I/A$ | $R$（平均）$/\Omega$ | | $R_a/\Omega$ | $R_{aref}/\Omega$ |
|---|---|---|---|---|---|---|
| 1 | | 0.2 | $R_{a11}=$ | $R_{a1}=$ | | |
| | | | $R_{a12}=$ | | | |
| | | | $R_{a13}=$ | | | |
| 2 | | 0.15 | $R_{a21}=$ | $R_{a2}=$ | | |
| | | | $R_{a22}=$ | | | |
| | | | $R_{a23}=$ | | | |
| 3 | | 0.1 | $R_{a31}=$ | $R_{a3}=$ | | |
| | | | $R_{a32}=$ | | | |
| | | | $R_{a33}=$ | | | |

表 1-4 中：

$$R_{a1} = \frac{1}{3}(R_{a11} + R_{a12} + R_{a13}); \quad R_{a2} = \frac{1}{3}(R_{a21} + R_{a22} + R_{a23}); \quad R_{a3} = \frac{1}{3}(R_{a31} + R_{a32} + R_{a33})$$

（4）计算基准工作温度时的电枢电阻。

由实验直接测得的电枢绕组电阻值为实际冷态电阻值。冷态温度为室温。按下式换算到基准工作温度时的电枢绕组电阻值：

$$R_{aref} = R_a \frac{235 + \theta_{ref}}{235 + \theta_a}$$

式中：$R_{aref}$——换算到基准工作温度时的电枢绕组电阻，单位为 $\Omega$。

$R_a$——电枢绕组的实际冷态电阻，单位为 $\Omega$。

$\theta_{ref}$——基准工作温度，对于 E 级绝缘为 75℃。

$\theta_a$——实际冷态时电枢绕组的温度，单位为℃。

**3. 他励直流电动机的起动**

（1）按图 1 - 40 接线，将直流电动机电枢串联起动电阻 $R_1$（可选用 D44 挂件的 90 Ω 与 90 Ω 串联电阻）调到阻值最大位置，直流电动机的励磁调节电阻 $R_{f1}$（可选用 D44 挂件的 900 Ω 与 900 Ω 串联电阻）调到阻值最小位置。

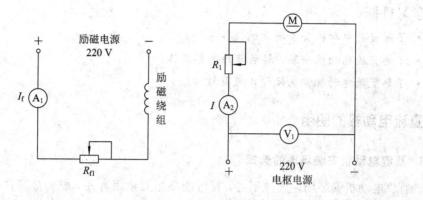

图 1 - 40　直流他励电动机接线图

（2）开启控制屏上的电源总开关，接通励磁电源开关，再接通电枢电源开关，使直流电动机起动。

（3）直流电动机起动后观察转速表指针偏转方向，应为正向偏转，若不正确，可拨动转速表上正、反向开关来纠正。调节电枢电源的"电压调节"旋钮，使直流电动机端电压为 220 V。起动后减小起动电阻 $R_1$ 阻值，直至短接。

**4. 他励直流电动机的调速**

分别改变串入直流电动机 M 电枢回路的调节电阻 $R_1$ 和励磁回路的调节电阻 $R_{f1}$，观察转速变化情况。

**5. 改变直流电动机的转向**

将电枢串联起动电阻 $R_1$ 的阻值调回到最大，先切断电枢电源开关，然后切断励磁电源开关，使他励直流电动机停机。在断电情况下，将电枢（或励磁绕组）的两端接线对调后，再按他励直流电动机的起动步骤起动，观察直流电动机的转向及转速表指针偏转的方向。

## 五、注意事项

（1）他励直流电动机起动时，须将励磁回路串联的电阻 $R_{f1}$ 调至最小，先接通励磁电源，使励磁电流最大，同时必须将电枢串联电阻 $R_1$ 调至最大，然后方可接通电枢电源，使直流电动机正常起动。起动后，将起动电阻 $R_1$ 调至零，使直流电动机正常工作。

（2）他励直流电动机停机时，必须先切断电枢电源，然后断开励磁电源。同时必须将电枢串联的起动电阻 $R_1$ 调回到最大值，励磁回路串联的电阻 $R_{f1}$ 调回到最小值，为下次起动做准备。

（3）测量前注意仪表的量程、极性及其接法是否符合要求。

# 课题四　直流电动机的使用、维护与检修

> ## 学习目标
> - 了解直流电动机安装场地的选择条件；
> - 了解直流电动机安装、起动前的准备工作；
> - 了解直流电动机常见故障以及处理方法。

## 一、直流电动机的使用

### 1. 直流电动机安装场地的选择

若直流电动机安装场地选择不当，有可能缩短其使用寿命，成为故障产生的原因，损坏周围的器物，甚至给操作者造成伤害等。因此，必须慎重地选择直流电动机的安装场地。一般应尽可能注意选择具有以下条件的场所：

（1）潮气少的场所；

（2）通风良好的场所；

（3）比较凉爽的场所；

（4）尘埃较少的场所；

（5）易维修检查的场所。

### 2. 直流电动机安装前的验收与保管

直流电动机在运达安装场地后，应立即进行初步验收：仔细检查直流电动机有无零部件不完整或损坏的情况，备件是否齐全，随机文件有无遗漏，并根据检查的具体情况采取相应措施。验收后的直流电动机若不立即安装，则应将直流电动机保存在室温不低于＋5℃和不高于＋40℃、相对湿度不大于75％、无腐蚀性气体的干燥而清洁的室内或仓库内。保存期间应定期检查直流电动机绕组、轴伸端、换向器和电刷，及其他主要零部件和备件等有无受潮、损坏或锈蚀的情况。

### 3. 直流电动机安装的基础

对于安装位置固定的直流电动机，如果不是与其他负载机械配套安装在一起，均应采用质量可靠的混凝土作基础，以免因基础过弱而使直流电动机在运行时引起振动和噪声。若为经常移动使用的直流电动机，可因地制宜地采用合适的安装结构。但必须注意的是，不论在什么情况下其基础或安装结构都必须保证有足够的强度和刚度，以避免直流电动机运行时产生不正常的振动、噪声及造成人身、设备事故等。

### 4. 直流电动机的起动准备

直流电动机在安装后投入运行前或长期搁置而重新投入运行前，需做下列起动准备

工作：

（1）用压缩空气吹净附着于直流电动机内部的灰尘，对于新直流电动机应去掉在风窗处的包装纸。检查轴承润滑脂是否洁净、适量，润滑脂占轴承室的 2/3 为宜。

（2）用柔软、干燥而无绒毛的布擦拭换向器表面，并检查其是否光洁，如有油污，则可蘸少许汽油擦拭干净。

（3）检查电刷压力是否正常均匀，电刷间压力差不超过 10%，刷握的固定是否可靠，电刷在刷握内是否太紧或太松，电刷与换向器的接触是否良好。

（4）检查刷杆座上是否标有电刷位置的记号。

（5）用手转动电枢，检查是否阻塞或在转动时是否有撞击或摩擦的声音。

（6）检查接地装置是否良好。

（7）用 500 V 兆欧表测量绕组对机壳的绝缘电阻，如小于 1 MΩ，则必须进行干燥处理。

（8）检查直流电动机引出线与励磁电阻、起动器等的连接是否正确，接触是否良好。

## 二、直流电动机的维护

直流电动机在使用过程中定期进行检查时应特别注意下列事项。

### 1. 直流电动机的清洁

直流电动机周围应保持干燥，其内、外部均不应放置其他物件。直流电动机的清洁工作每月不得少于一次，清洁时应以压缩空气吹净内部的灰尘，特别是换向器、线圈连接线和引线部分。

### 2. 换向器的保养

（1）换向器应呈正圆柱形且具有光洁的表面，不应有机械损伤和烧焦的痕迹。

（2）换向器在负载下经长期无火花运转后，表面会产生一层褐色有光泽的坚硬薄膜，这是正常现象，它能减少换向器的磨损，这层薄膜必须加以保护，不能用砂布磨掉。

（3）若换向器表面出现粗糙、烧焦等现象，可用"0"号砂布在旋转着的换向器表面进行细致研磨。若换向器表面出现过于粗糙不平、不圆或有部分凹进现象，应将换向器进行车削，车削速度不大于 1.5 m/s，车削深度及每转进刀量均不大于 0.1 mm。车削时换向器不应有轴向位移。

（4）若换向器表面磨损很多，或经车削后，发现云母片有凸出现象，应以铣刀将云母片铣成 1~1.5 mm 凹槽。

（5）换向器车削或云母片下刻时，须防止铜屑、灰尘侵入电枢内部，因而要将电枢线圈端部及接头片覆盖，加工完毕后用压缩空气做清洁处理。

### 3. 电刷的使用

（1）电刷与换向器的工作面应有良好的接触，电刷压力正常，在刷握内能滑动自如。电刷磨损或损坏时，应以同型号及尺寸的电刷更换，并且用"0"号砂布进行研磨。

（2）电刷研磨后用压缩空气做清洁处理，再使电动机做空载运转，然后以轻负载运转 1 h，使电刷在换向器上能够良好的接触。

**4．轴承的保养**

（1）轴承在运转时温度太高或发出杂音时，说明可能损坏或有外物侵入，应拆下轴承清洗检查。当发现钢珠或滑圈有裂纹或轴承经清洗后使用情况仍未改变时，必须更换新轴承。轴承工作 2000~2500 h 后应更换新的润滑脂，且每年不得少于一次。

（2）轴承在运转时须防止灰尘及潮气侵入，严禁对轴承内圈或外圈有任何冲击。

**5．绝缘电阻**

（1）应当经常检查直流电动机的绝缘电阻。如果绝缘电阻小于 $1\ M\Omega$，应仔细清除绝缘表面的污物和灰尘，待其干燥后再涂绝缘漆。

（2）必要时可采用电流干燥法或吹送热风的方法对直流电动机进行干燥。

**6．通风系统**

应经常检查定子温升，判断通风系统是否正常，风量是否足够。如果温升超过允许值，应立即停车检查通风系统。

## 三、直流电动机的常见故障及检修方法

直流电动机常见的故障类型、产生原因及处理方法如表 1-5 所示。

表 1-5　直流电动机常见的故障类型、产生原因及处理方法

| 故障类型 | 故障原因 | 处理方法 |
|---|---|---|
| 直流电动机不能起动 | 电网停电 | 用万用表或电笔检查，待来电后使用 |
| | 熔断器熔断 | 更换熔断器 |
| | 电源线在直流电动机接线端上接错线 | 按图纸重新接线 |
| | 负载太大，起动不了 | 减小机械负载 |
| | 电刷位置不对 | 重新校正电刷中性线位置 |
| | 定子与转子间有异物卡住 | 清除异物 |
| | 轴承严重损坏，卡死 | 更换轴承 |
| | 主磁极或换向极固定螺钉未拧紧，致其卡住电枢 | 拆开直流电动机重新紧固 |
| | 电刷提起后未放下 | 将电刷安放在刷握中 |
| | 换向器表面污垢太多 | 清除污垢 |

| 故 障 类 型 | 故 障 原 因 | 处 理 方 法 |
|---|---|---|
| 直流电动机过热 | 直流电动机过载 | 减小机械负载或解决引起过载的机械故障 |
| | 电枢绕组短路 | 用万用表或兆欧表检查找到故障点，并处理 |
| | 换向极接反 | 拆开直流电动机，用万用表或兆欧表检查并找到故障点，重新接线 |
| | 定子与转子铁心相摩擦 | 拆开直流电动机，检查定子磁极固定螺钉是否松动，定子磁极下垫片是否比原来多，重新紧固或调整 |
| | 风道堵塞 | 清理风道 |
| | 风扇装反 | 重装风扇 |
| | 直流电动机长时间低压、低速运行 | 应适当提高电压，以接近额定转速为佳 |
| | 直流电动机轴承损坏 | 更换同型号的轴承 |
| | 联轴器安装不当或皮带太紧 | 重新调整 |
| | 换向片有短路 | 修复片间短路 |
| 直流电动机电刷下有火花 | 电刷与换向器接触不良 | 重新研磨电刷 |
| | 电刷上的弹簧太松或太紧 | 适当调整弹簧压力 |
| | 刷握松动 | 紧固刷握螺钉，刷握要与换向器垂直 |
| | 电刷与刷握尺寸不相配 | 若电刷在刷握中过紧，可用"0"号打磨纸打磨少许，使电刷能在刷握中自由滑动；若过松则更换与刷握相配的新电刷 |
| | 电刷太短，上面的弹簧已压不住电刷 | 更换同型号的电刷 |
| | 电刷表面有油污粘住电刷粉 | 用棉纱蘸酒精擦净 |
| | 电刷偏离中性线位置 | 调整刷架，使电刷处于中性线位置 |
| | 换向片有灼痕，表面高低不平 | 轻微时，用"0"号砂纸打磨换向器，若严重则须上车床车去一层 |
| | 换向器片间云母未刻净或云母凸出 | 用刻刀按要求下刻云母 |
| | 直流电动机长期过载 | 应将机械负载减小到额定值以下 |
| | 换向极接错 | 局部修复或重绕 |
| | 换向极线圈短路 | 修复或更换线圈 |
| | 电枢绕组有线圈断路 | 局部修复或更换线圈 |
| | 电源电压过高 | 电源电压应降到额定电压值以内 |
| | 换向器片间短路 | 将换向片间碳粉或金属屑剔除干净 |
| | 电枢绕组有短路 | 用万用表或兆欧表检查并找到故障点，进行处理 |

| 故障类型 | 故障原因 | 处理方法 |
|---|---|---|
| 直流电动机漏电 | 电刷粉末太多 | 用吹风机清除电刷粉末或用棉花蘸酒精擦除 |
| | 直流电动机长期不用，受潮 | 进行干燥处理 |
| | 使用年份久或长期过热，直流电动机绝缘老化 | 应拆除绝缘老化的绕组或更换新电动机 |
| | 电线头碰壳 | 电线接头要接牢并做好绝缘 |
| 直流电动机振动大 | 电枢转轴变形 | 重新校正或更换整个电枢 |
| | 地脚螺栓松动 | 紧固地脚螺栓 |
| | 风扇叶装错或变形 | 重新安装或校正 |
| | 联轴器未装好 | 重新校正联轴器 |
| 直流电动机响声很大 | 风扇叶变形碰壳 | 校正风扇叶 |
| | 轴承缺油或损坏 | 拆开直流电动机，将轴承清洗加油，或更换同型号的轴承 |
| | 直流电动机定子与转子相摩擦 | 轴承损坏则更换轴承，或调整定子磁极下的垫片 |

# 内 容 小 结

直流电机是一种利用电磁感应原理实现机电能量转换的装置。将直流电能转换成机械能的称为直流电动机，将机械能转换成直流电能的称为直流发电机。

直流电机由固定不动的定子与旋转的转子两大部分组成，定子与转子之间有间隙，称为气隙。定子部分包括机座、主磁极、换向极、端盖、电刷等装置；转子部分包括电枢铁心、电枢绕组、换向器、转轴、风扇等部件。

直流电机的电枢是实现机电能量转换的核心。一台直流电机运行时，无论是作为发电机还是作为电动机，电枢绕组中都要因切割磁力线而产生感应电动势，大小为 $E_a = C_e \Phi n$。同时载流的电枢导体与气隙磁场相互作用产生电磁转矩，大小为 $T_{em} = C_T \Phi I_a$。

直流电动机按励磁绕组和电枢绕组与电源连接关系的不同，可分为他励、并励、串励和复励直流电动机等类型。

电力拖动系统是以直流电动机作为原动机来拖动生产机械工作的运动系统。直流电动机与所拖动的生产机械之间的关系。该关系用运动方程式来反映直流电动机轴上的电磁转矩、负载转矩与转速变化之间的关系为 $T_{em} - T_L = \frac{GD^2}{375} \frac{dn}{dt}$。通过该方程式可以分析拖动系统的运动状态，也可以进行起动、制动等的定量计算。

生产机械的负载转矩特性是根据转矩方向和大小的变化特点进行分类的，分为反抗性恒转矩负载、位能性恒转矩负载、恒功率负载及风机型负载等典型类型。

　　直流电动机的机械特性是指稳态运行时转速与电磁转矩的关系，它反映了稳态转速随转矩变化的规律。固有特性反映了在额定条件和接线时的运行性能，人为机械特性是为了改变直流电动机的运行特性而施加的人为控制，有降压的人为机械特性、电枢串电阻的人为机械特性和减少磁通的人为机械特性。

　　电力拖动系统稳定运行的意义是指它具有抗干扰能力，即当外界干扰出现以及消失后，系统都能继续保持恒速运行。稳定运行的充分必要条件是：直流电动机的机械特性与负载转矩特性有交点（必要条件），且在工作点上满足 $\dfrac{\mathrm{d}T_{em}}{\mathrm{d}n}<\dfrac{\mathrm{d}T_L}{\mathrm{d}n}$（充分条件），则系统能稳定运行。

　　直流电动机由于电枢电阻很小，刚起动时反电动势还未建立，因而起动时的起动电流很大，起动转矩也很大，对直流电动机造成过大的冲击。为了减小起动电流，通常采用电枢串电阻或降低电枢电压的方法来起动直流电动机。

　　直流电动机的电气制动是指电磁转矩与转速方向相反时的运转状态，电磁转矩对运动起阻碍作用。直流电动机有三种制动方式：能耗制动、反接制动（电枢电压反接和倒拉反转）和回馈制动。

　　电力拖动得到广泛应用的主要原因是它具有良好的调速性能。对调速性能好坏评价的指标是调速范围、静差率、平滑性和经济性。直流电动机的调速方法有电枢串电阻调速、降压调速和弱磁调速。

# 思考题与习题

　　1-1　简述直流电机的基本结构，并说明各部分的作用。

　　1-2　简述直流电机铭牌上各数据的含义。

　　1-3　直流电机中，换向器起什么作用？

　　1-4　一台直流发电机的额定功率 $P_N=35$ kW，额定电压 $U_N=220$ V，额定转速 $n_N=1500$ r/min，额定效率 $\eta_N=87\%$，求该直流发电机的额定电流 $I_N$ 和额定输入功率 $P_1$。

　　1-5　并励直流电动机的起动电流是由什么决定的？正常运行时的电枢电流是由什么决定的？

　　1-6　直流电动机的电磁转矩是驱动转矩，其转速应随电磁转矩的增大而上升，可直流电动机的机械特性曲线却表明，随着电磁转矩的增大，转速是下降的，这不是自相矛盾吗？

　　1-7　用哪些方法可改变直流电动机的转向？

　　1-8　一台并励直流电动机，在额定电压 $U_N=220$ V，额定电流 $I_N=80$ A 的情况下运行，电枢电阻 $r_a=0.01$ Ω，电刷接触压降 $2\Delta U_b=2$ V，励磁回路总电阻 $r_f=110$ Ω，附加损

耗 $p_{ad}=0.01P_N$，效率 $\eta=85\%$。试求：

（1）额定输入功率 $P_1$ 和额定输出功率 $P_2$。

（2）总损耗 $\Sigma p$ 及 $p_{Fe}+p_{mec}$。

1-9　有一台他励直流电动机带额定负载运行，其额定数据为：$P_N=220$ kW，$U_N=220$ V，$I_N=116$ A，$n_N=1500$ r/min，$r_a=0.175$ Ω。如果负载不变，且不计磁路饱和的影响，试求：

（1）电枢电路串入 0.575 Ω 的电阻后，他励直流电动机的稳定转速。

（2）电枢电路不串电阻，降低电枢电压到 110 V，他励直流电动机的稳定转速。

（3）电枢电路不串电阻，减小磁通至额定磁通的 0.9，他励直流电动机的稳定转速。

1-10　有一台他励直流电动机的数据为：$P_N=40$ kW，$U_N=220$ V，$I_N=207.5$ A，$r_a=0.067$ Ω。试问：

（1）如果电枢电路不串电阻直接起动，则起动电流是额定电流的几倍？

（2）如将起动电流限制为 $1.5I_N$，则串入电枢电路的电阻值是多少？

1-11　一台他励直流电动机，$U_N=220$ V，$I_N=30.4$ A，$n_N=1500$ r/min，电枢回路总电阻 $r_a=0.45$ Ω，额定负载运行时，要把转速降到 1000 r/min，调速过程中保持励磁电流不变。试求：

（1）采用串电阻调速时，需串入电枢回路的电阻值是多少？

（2）采用降压调速时，最低电压可降到多少？

# 项目二　变压器的应用与维护

## 课题一　变压器的基本知识

▷ **学习目标**

- 理解变压器的工作原理；
- 了解变压器的基本结构；
- 理解变压器的额定值。

变压器是一种静止的电机，它是利用电磁感应原理，将一种电压等级的交流电能转换为同频率的另一种电压等级的交流电能。

变压器是电力系统中的重要设备之一，在国民经济行业中得到了广泛应用。

## 一、变压器的工作原理和类型

### 1. 变压器的基本工作原理

变压器是利用电磁感应原理工作的。如图 2-1 所示，变压器的主要部件为一个铁心和套在铁心上的两个绕组。这两个绕组具有不同的匝数且互相绝缘，两绕组间只有磁的耦合而没有电的联系。其中接入交流电源的绕组称为原绕组或一次绕组，其匝数为 $N_1$；与负载相接的绕组称为副绕组或二次绕组，其匝数为 $N_2$。

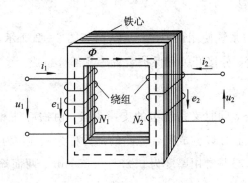

图 2-1　变压器的工作原理

当一次绕组接到交流电源时，绕组中便有交流电流 $i_1$ 流过，并在铁心中产生与外加电源频率相同的交变磁通 $\Phi$。这个交变磁通同时交链着一、二次绕组。根据电磁感应定律，交变磁通 $\Phi$ 分别在一、二次绕组中感应出同频率的电动势 $e_1$ 和 $e_2$。

$$u_1 = -e_1 = N_1 \frac{\mathrm{d}\Phi}{\mathrm{d}t} \tag{2-1}$$

$$u_2 = e_2 = -N_2 \frac{\mathrm{d}\Phi}{\mathrm{d}t} \tag{2-2}$$

于是有

$$\frac{|u_1|}{|u_2|} = \frac{|e_1|}{|e_2|} = \frac{N_1}{N_2} \tag{2-3}$$

由此可知，要想使一、二次绕组有不同的电压，只要使一、二次绕组有不同的匝数即可。因此，改变一、二次绕组的匝数即可改变二次绕组的电压，这就是变压器的变压原理。

**2. 变压器的分类**

变压器的种类很多，可按用途、绕组数、相数、冷却介质、冷却方式和调压方式等进行分类。

(1) 按用途可分为电力变压器和其他变压器两大类。电力变压器主要用于电力系统中，有升压变压器、降压变压器、配电变压器、联络变压器和厂用变压器等；其他变压器是指用于电力系统以外的变压器，有调压器、仪用互感器(包括电压互感器和电流互感器)、试验变压器、整流变压器、电炉变压器和电焊变压器等。

(2) 按绕组数目可分为自耦变压器、双绕组变压器、三绕组变压器和多绕组变压器。

(3) 按相数可分为单相变压器、三相变压器和多相变压器。

(4) 按冷却介质和冷却方式可分为干式变压器(包括空气绝缘、$SF_6$ 气体绝缘、浇注绝缘)、油浸式变压器(包括油浸自冷式、油浸风冷式、强迫油循环风冷式、强迫油循环水冷式、强迫油循环导向风冷式)。

(5) 按调压方式可分为无载调压变压器和有载调压变压器。

## 二、变压器的基本结构

油浸式变压器在电力系统使用最为广泛，结构如图 2-2 所示，主要由铁心、绕组、油箱及变压器油、绝缘套管、分接开关和保护装置等几部分组成。

**1. 铁心**

铁心是变压器的磁路，同时又是绕组的支撑骨架，由铁心柱和铁轭组成。套装绕组的部分称为铁心柱，连接铁心柱以构成闭合磁路的部分称为铁轭。为了提高磁路的导磁性能，减少磁滞和涡流损耗，铁心通常用厚度为 $0.23\sim0.35\,\mathrm{mm}$、两面涂有绝缘漆的硅钢片叠装而成。

铁心分为心式和壳式两种。心式结构的特点是绕组包围铁心，如图 2-3(a)所示。心式

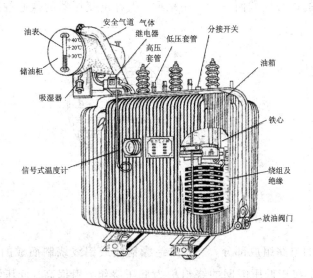

图 2-2　油浸式电力变压器结构示意图

结构简单,绕组的装配及绝缘比较容易,因此电力变压器的铁心主要采用心式结构。壳式结构的特点是铁心包围绕组,如图 2-3(b)所示。壳式结构机械强度较好,但制造复杂,铁心用材较多,因此除了容量很小的电源变压器以外,很少采用壳式结构。

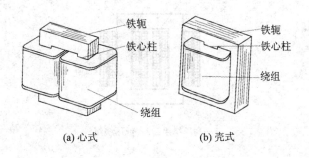

(a) 心式　　　　　　(b) 壳式

图 2-3　心式和壳式变压器

在叠装铁心时,为减少叠片接缝间隙,达到减少磁路磁阻和励磁电流的目的,一般采用交错式叠装,如图 2-4 所示。

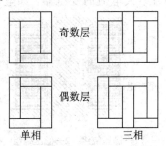

图 2-4　变压器的叠片次序

小容量变压器的铁心柱截面一般采用矩形，大容量变压器的铁心柱截面一般采用多级阶梯形，如图2-5所示。

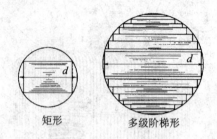

矩形　　　　多级阶梯形

图2-5　铁心柱截面

**2. 绕组**

绕组是变压器的电路组成部分，一般由绝缘铜线或铝线绕制而成的。接于高压电网的绕组称为高压绕组，接于低压电网的绕组称为低压绕组。根据高、低压绕组在铁心柱上排列方式的不同，变压器的绕组可分为同心式和交叠式两种。

同心式绕组的高、低压绕组同心地套在铁心柱上，如图2-6所示。为了便于绝缘，一般低压绕组套在里面，高压绕组套在外面。这种绕组具有结构简单，制造方便的特点，主要用在国产电力变压器中。

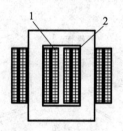

1—高压绕组；2—低压绕组

图2-6　同心式绕组

交叠式绕组一般都做成饼式，高、低压绕组交替地套在铁心柱上，如图2-7所示。为了便于绝缘，一般最上层和最下层的绕组都是低压绕组。这种绕组机械强度高，引线方便，但绝缘比较复杂，主要用于低电压、大电流的变压器，如电炉变压器、电焊变压器。

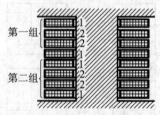

1—高压绕组；2—低压绕组

图2-7　交叠式绕组

变压器铁心与绕组组装成为一体，称为变压器器身。三相变压器器身如图2-8所示。

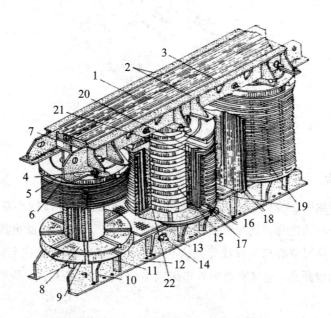

1—铁轭；2—上夹件；3—上夹件绝缘；4—压钉；5—绝缘纸圈；6—压板；7—方铁；8—下铁轭绝缘；9—平衡绝缘；10—下夹件加强筋；11—下夹件上肢板；12—下夹件下肢板；13—下夹件腹板；14—铁轭螺杆；15—铁心柱；16—绝缘纸筒；17—油隙撑条；18—相间隔板；19—高压绕组；20—角环；21—静电环；22—低压绕组

图2-8 三相变压器器身

### 3. 油箱和变压器油

变压器的器身放置在装有变压器油的油箱内。变压器油起着绝缘和冷却散热的作用，它使铁心和绕组不被潮湿所侵蚀，同时通过变压器油的对流，将铁心和绕组产生的热量传递给油箱和散热管，再散发到空气中。油箱的结构与变压器的容量、发热情况密切相关。变压器的容量越大，发热问题就越严重。在 20 kV·A 及以下的小容量变压器中采用平板式油箱；一般容量稍大的变压器都采用排管式油箱，在油箱壁上焊有散热管，以增大油箱的散热面积。

### 4. 储油柜

储油柜又叫油枕。它装在油箱上部，用联通管与油箱接通。它的作用有两个：① 调节油量，保证变压器油箱内经常充满油；② 减少油和空气的接触面，从而降低变压器油受潮和老化的速度。

储油柜上装有吸湿器，使储油柜上部的空气通过吸湿器与外界空气相通。吸湿器内装有硅胶，用以过滤储油柜内空气中的杂质和水分。储油柜和保护装置如图2-9所示。

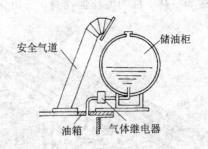

图 2-9　储油柜和保护装置

### 5. 绝缘套管

电力变压器的引出线从油箱内穿过油箱盖时,必须穿过瓷质的绝缘套管,以使带电的引出线与接地的油箱绝缘。绝缘套管的结构取决于电压等级,较低电压采用实心瓷套管;10~35 kV 电压采用空心充气式或充油式套管;电压在 110 kV 及以上时采用电容式套管。为了增加表面爬电距离,绝缘套管的外形做成多级伞形,电压越高,级数越多。绝缘套管如图 2-10 所示。

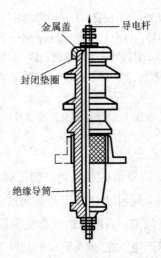

图 2-10　绝缘套管

### 6. 分接开关

油箱盖上面还装有分接开关,通过分接开关可改变变压器高压绕组的匝数(高压绕组±5%抽头),从而调节输出电压的大小。分接开关又分为无励磁分接开关和有载分接开关。前者必须在变压器停电的情况下切换;后者可以在变压器带负载情况下进行切换。

### 7. 保护装置

气体继电器又称为瓦斯继电器,是变压器的一种保护装置,安装在储油柜与油箱的连接管道中。当变压器发生故障时(如绝缘击穿、匝间短路、铁心事故、油箱漏油使油面下降较多等)产生的气体和油流,迫使气体继电器动作。轻者发出信号,以便运行人员及时处理,重者使断路器跳闸,来达到保护变压器的目的。如图 2-9 所示。

安全气道又叫防爆管。它装在油箱的顶盖上。它是一个长钢圆筒，上端口装有一定厚度的玻璃或酚醛纸膜片，下端口与油箱连接。当变压器内部严重故障而气体继电器又失灵时，油箱内压力剧增，达到一定限度时，防爆管口膜片破碎，油及气体由此喷出，防止油箱爆炸或变形。如图 2-9 所示。

由于膜片厚薄可能不均匀或有伤痕，其爆破压力大小随机性很大，所以，近年来在一些变压器中，往往用压力释放阀代替防爆管。压力释放阀是一种安全保护阀门，且可重复使用。

此外，油箱盖上还装有测温及温度监控装置等。

## 三、变压器的铭牌

每台变压器都在醒目的位置上装有铭牌，上面标有变压器的型号、使用条件和额定值。所谓额定值是制造厂根据国家标准，对变压器正常使用时的有关参数所做的限额规定。在额定值状态下运行时，可保证变压器长期可靠地工作。变压器的铭牌上通常有型号、额定容量、额定电压、额定电流和额定频率等。

### 1. 型号

变压器的型号包含变压器的结构特点、额定容量、电压等级和冷却方式等内容。例如，型号 SL-1000/10，其中"S"表示三相，"L"表示铝线，"1000"表示额定容量为 1000 kVA，"10"表示高压绕组额定电压等级为 10 kV。国家标准 GB 1094 规定了电力变压器产品型号代表符号的含义，如表 2-1 所示。

表 2-1  电力变压器的分类和型号

| 代表符号排列顺序 | 分类 | 类别 | 代表符号 |
|---|---|---|---|
| 1 | 绕组耦合方式 | 自耦 | O |
| 2 | 相数 | 单相 | D |
|  |  | 三相 | S |
| 3 | 冷却方式 | 空气自冷 | G |
|  |  | 油自然循环 | — |
|  |  | 油浸风冷 | F |
|  |  | 油浸水冷 | S |
|  |  | 强迫油循环风冷 | FP |
|  |  | 强迫油循环水冷 | SP |
| 4 | 绕组数 | 双绕组 | — |
|  |  | 三绕组 | S |
| 5 | 绕组导线材质 | 铜 | — |
|  |  | 铝 | L |
| 6 | 调压方式 | 无励磁调压 | — |
|  |  | 有载调压 | Z |

**2. 额定容量 $S_N$**

额定容量 $S_N$ 指变压器在额定工作条件下输出能力的保证值,即视在功率,单位为 VA 或 kVA。对三相变压器而言,额定容量指三相容量之和。由于变压器的效率很高,通常将一次侧、二次侧的额定容量设计成相等。

**3. 额定电压 $U_{1N}$ 和 $U_{2N}$**

正常运行时规定加在一次侧的电压称为变压器一次额定电压 $U_{1N}$,变压器一次侧加额定电压时二次侧空载(开路)时的端电压称为变压器二次额定电压 $U_{2N}$,单位为 V 或 kV。对三相变压器而言,额定电压是指线电压。

**4. 额定电流 $I_{1N}$ 和 $I_{2N}$**

变压器在额定负载情况下,各绕组长期允许通过的电流称为一次额定电流 $I_{1N}$ 和二次额定电流 $I_{2N}$,单位为 A 或 kA。对三相变压器而言,额定电流是指线电流。

对单相变压器

$$I_{1N} = \frac{S_N}{U_{1N}} \tag{2-4}$$

$$I_{2N} = \frac{S_N}{U_{2N}} \tag{2-5}$$

对三相变压器

$$I_{1N} = \frac{S_N}{\sqrt{3}U_{1N}} \tag{2-6}$$

$$I_{2N} = \frac{S_N}{\sqrt{3}U_{2N}} \tag{2-7}$$

**5. 额定频率**

我国规定标准工业用电的频率即工频为 50 Hz。

**6. 其他**

此外,额定运行时变压器的效率、温升等数据均属于额定值。除额定值外,铭牌上还标有变压器的相数、连接组和接线图、短路电压(或短路阻抗)的标幺值、变压器的运行方式及冷却方式等。为考虑运输,有时铭牌上还标出变压器的总重、油重、器身重量和外形尺寸等附属数据。

**例 2-1** 某台单相变压器,额定容量 $S_N = 100$ kVA,额定电压 $U_{1N}/U_{2N} = 10$ kV/0.4 kV,求额定运行时一次绕组、二次绕组中的电流 $I_{1N}$ 和 $I_{1N}$。

**解**

$$I_{1N} = \frac{S_N}{U_{1N}} = \frac{100}{10} \text{ A} = 10 \text{ A}$$

$$I_{2N} = \frac{S_N}{U_{2N}} = \frac{100}{0.4} \text{ A} = 250 \text{ A}$$

# 课题二　单相变压器的运行

## 学习目标

- 了解单相变压器空载和负载时的电磁过程；
- 了解单相变压器的主要物理量；
- 掌握单相变压器空载时的电压平衡方程式；
- 掌握单相变压器负载时的磁动势平衡方程式和电压平衡方程式；
- 理解单相变压器空载和负载时的等效电路。

变压器的运行状态包括空载运行和负载运行。通过空载运行分析，可以得到变压器一次绕组与二次绕组的电压关系；通过负载运行分析，可以得到变压器一次绕组与二次绕组的电流关系；通过绕组折算，可以得到二次绕组折算值和原值的关系。为方便分析计算，需要得到变压器的等效电路。变压器的相量图是变压器电压平衡关系和各主要物理量大小和相位的直观反映。

## 一、单相变压器的空载运行

空载运行是指变压器一次侧接到额定电压、额定频率的电源上，二次侧开路时的运行状态。图 2-11 是单相变压器空载运行时的示意图。一次侧电路、二次侧电路的各物理量和参数分别用下标"1"和"2"标注，以示区别。

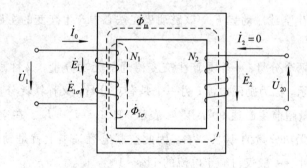

图 2-11　单相变压器的空载运行

### 1. 空载运行时的电磁过程

当一次侧接上电源 $\dot{U}_1$ 后，绕组中便有电流流过，称为空载电流 $\dot{I}_0$。$\dot{I}_0$ 在一次侧中产生空载磁动势 $\dot{F}_0 = N_1 \dot{I}_0$，并建立起交变磁通。该磁通可分为两部分：一部分沿铁心闭合，同时交链一、二次侧，称为主磁通 $\dot{\Phi}$；另一部分只交链一次侧，经一次侧附近的非铁磁材料（空气或油）闭合，称为一次漏磁通 $\dot{\Phi}_{1\sigma}$。主磁通和漏磁通都是交变磁通。根据电磁感应定律，$\dot{\Phi}$ 将在一、二次侧中感应电动势 $\dot{E}_1$、$\dot{E}_2$，$\dot{\Phi}_{1\sigma}$ 将在一次侧中感应漏磁电动势 $\dot{E}_{1\sigma}$。此外，

空载电流 $\dot{I}_0$ 还在一次绕组的电阻 $r_1$ 上产生压降 $r_1\dot{I}_0$。这就是变压器空载运行时的电磁物理现象。

由于路径不同,主磁通和漏磁通有很大差异:

(1)在性质上,主磁通磁路由铁磁材料组成,具有饱和特性,$\Phi$ 与 $\dot{I}_0$ 呈非线性关系,而漏磁通磁路不饱和,$\dot{\Phi}_{1s}$ 与 $\dot{I}_0$ 呈线性关系。

(2)在数量上,由于铁心的磁导率比空气(或变压器油)的磁导率大很多,铁心磁阻小,所以总磁通中的绝大部分是主磁通,一般主磁通可占总磁通的99%以上,而漏磁通仅占1%以下。

(3)在作用上,主磁通在一、二次侧中均感应电动势,当二次侧接上负载时便有电功率向负载输出,故主磁通起传递能量的媒介作用。而漏磁通仅在一次侧中感应电动势,不能传递能量,仅起电压降的作用。因此,在分析变压器和交流电机时常将主磁通和漏磁通分开处理。

**2. 正方向的规定**

变压器中各电磁量都是随时间的变化而变化的交变量,要建立它们之间的相互关系,必须先规定各量的正方向。通常按电工惯例来规定正方向,具体原则如下:

(1)同一支路中,电压 $U$ 与电流 $I$ 的正方向一致。

(2)磁通的正方向与产生它的电流的正方向符合右手螺旋定则。

(3)感应电动势的正方向与产生它的磁通的正方向符合右手螺旋定则。

**3. 空载电流和空载损耗**

1)空载电流

空载电流 $\dot{I}_0$ 产生空载磁动势 $\dot{F}_0$,该磁动势在铁心中产生交变的主磁通 $\dot{\Phi}$,同时也产生磁滞和涡流损耗。

空载电流包含两个分量:一个是产生交变磁通的无功分量,又称励磁分量,它与主磁通同相位,用 $\dot{I}_\mu$ 表示,称为励磁电流;另一个是有功分量,又称铁耗分量,它与磁滞和涡流损耗有关,铁耗分量超前主磁通90°,用 $\dot{I}_{Fe}$ 表示,即 $\dot{I}_0=\dot{I}_\mu+\dot{I}_{Fe}$。在空载电流的两个分量中,有功分量仅为无功分量的10%左右,因此空载电流基本上就是励磁电流,即 $\dot{I}_0 \approx \dot{I}_\mu$。空载电流的数值很小,一般仅占额定电流的1%~10%。

2)空载损耗

变压器空载运行时的损耗称为空载损耗,空载损耗占额定容量的0.2%~1.5%。空载损耗主要包括空载电流流过一次绕组时在电阻中产生的铜损耗以及交变磁通在铁心中所产生的铁心损耗。铁心损耗又由涡流损耗和磁滞损耗组成。

**4. 空载时的电磁关系**

1)电动势与磁通的关系

设主磁通 $\Phi$ 按正弦规律变化,即

$$\Phi = \Phi_{\mathrm{m}} \sin\omega t \tag{2-8}$$

式中：$\Phi_{\mathrm{m}}$——主磁通幅值。

根据电磁感应定律，一、二次感应电动势为

$$e_1 = -N_1 \frac{\mathrm{d}\Phi}{\mathrm{d}t} = -N_1 \omega\Phi_{\mathrm{m}} \cos\omega t$$

$$= E_{1\mathrm{m}} \sin(\omega t - 90°)$$

$$= \sqrt{2}E_1 \sin(\omega t - 90°) \tag{2-9}$$

$$e_2 = -N_2 \frac{\mathrm{d}\Phi}{\mathrm{d}t} = -N_2 \omega\Phi_{\mathrm{m}} \cos\omega t$$

$$= E_{2\mathrm{m}} \sin(\omega t - 90°)$$

$$= \sqrt{2}E_2 \sin(\omega t - 90°) \tag{2-10}$$

由上式可知，当主磁通 $\Phi$ 正弦变化时，$e_1$、$e_2$ 也按正弦变化，$e_1$、$e_2$ 滞后主磁通 $90°$，其有效值为

$$E_1 = \frac{\omega N_1 \Phi_{\mathrm{m}}}{\sqrt{2}} = 4.44 \, fN_1 \Phi_{\mathrm{m}} \tag{2-11}$$

$$E_2 = \frac{\omega N_2 \Phi_{\mathrm{m}}}{\sqrt{2}} = 4.44 fN_2 \Phi_{\mathrm{m}} \tag{2-12}$$

其向量形式为

$$\dot{E}_1 = -\mathrm{j}4.44 fN_1 \dot{\Phi}_{\mathrm{m}} \tag{2-13}$$

$$\dot{E}_2 = -\mathrm{j}4.44 fN_2 \dot{\Phi}_{\mathrm{m}} \tag{2-14}$$

同理，可得出一次漏磁通 $\dot{\Phi}_{1\sigma}$ 在一次绕组感应的漏磁电动势为

$$\dot{E}_{1\sigma} = -\mathrm{j}4.44 fN_1 \dot{\Phi}_{1\sigma\mathrm{m}} \tag{2-15}$$

式中：$\dot{\Phi}_{1\sigma\mathrm{m}}$——漏磁通幅值相量。

通常将漏磁通所感应的电动势用漏电抗压降来表示，即

$$\dot{E}_{1\sigma} = -\mathrm{j}\dot{I}_0 \omega L_{1\sigma} = -\mathrm{j}\dot{I}_0 x_1 \tag{2-16}$$

式中：$L_{1\sigma}$——一次漏电感；

$x_1$——一次漏电抗。

2）电动势平衡方程式

按图 2-11 的正方向，空载时一次电动势平衡方程式为

$$\dot{U}_1 = -\dot{E}_1 - \dot{E}_{1\sigma} + r_1 \dot{I}_0 = -\dot{E}_1 + \mathrm{j}\dot{I}_0 x_1 + r_1 \dot{I}_0 = -\dot{E}_1 + \dot{I}_0 Z_1 \tag{2-17}$$

式中：$Z_1 = r_1 + \mathrm{j}x_1$——一次漏阻抗。

空载时 $\dot{I}_0 Z_1$ 很小，可忽略不计，则式(2-17)可写成

$$\dot{U}_1 \approx -\dot{E}_1 = \mathrm{j}4.44 fN_1 \dot{\Phi}_{\mathrm{m}} \tag{2-18}$$

由式(2-18)可知，当忽略一次绕组的漏阻抗压降时，$\dot{U}_1$ 与 $-\dot{E}_1$ 相平衡。当电源频率和绕组匝数不变时，主磁通 $\dot{\Phi}_{\mathrm{m}}$ 的大小主要由电源电压 $\dot{U}_1$ 的大小决定，若外加电压不变，则主磁通幅值不变，这是一个基本概念。

在二次侧，由于 $\dot{I}_2 = 0$，则

$$\dot{U}_{20} = \dot{E}_2 \qquad\qquad (2-19)$$

3）变压器的变比

在变压器中，一、二次感应电动势 $E_1$ 和 $E_2$ 之比称为变压器的变比，用 $k$ 表示。即：

$$k = \frac{E_1}{E_2} = \frac{N_1}{N_2} \approx \frac{U_1}{U_{20}} = \frac{U_{1N}}{U_{2N}} \qquad\qquad (2-20)$$

对于三相变压器，变比是指一、二次相电动势之比，也就是额定相电压之比。而三相变压器额定电压指线电压，故其变比与一、二次额定电压之间的关系为

Y，d 连接

$$k = \frac{U_{1N}}{\sqrt{3}U_{2N}} \qquad\qquad (2-21)$$

D，y 连接

$$k = \frac{\sqrt{3}U_{1N}}{U_{2N}} \qquad\qquad (2-22)$$

**5. 空载时的等效电路和相量图**

1）空载时的等效电路

漏磁通所感应的电动势可用漏抗压降的形式来表示，即 $\dot{E}_{1\sigma} = -j\dot{I}_0 x_1$。同样，主磁通所感应的电动势 $\dot{E}_1$ 可以用空载电流 $\dot{I}_0$ 在阻抗 $Z_m$ 上的电压降来表示，即

$$-\dot{E}_1 = \dot{I}_0 Z_m = \dot{I}_0 (r_m + jx_m) \qquad\qquad (2-23)$$

式中：$Z_m$——励磁阻抗；

$r_m$——励磁电阻，是对应于铁心损耗的等效电阻；

$x_m$——励磁电抗，表示与主磁通对应的电抗。

将式(2-23)代入空载运行时一次绕组的电压方程式(2-17)，可得

$$\dot{U}_1 = -\dot{E}_1 + \dot{I}_0 Z_1 = \dot{I}_0 (Z_m + Z_1) \qquad\qquad (2-24)$$

对应于式(2-24)的等效电路如图 2-12 所示。需要注意的是：等效电路中的励磁阻抗是随着铁心饱和程度的变化而变化的，考虑到通常变压器运行时电源电压基本不变（保持为额定电压），所以等效电路中的励磁阻抗一般取额定电压时的值，且认为是常量。

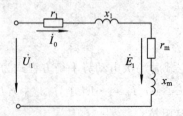

图 2-12　变压器空载运行时的等效电路

2）空载时的相量图

相量图可以直观地反映各物理量之间的相位关系。根据变压器空载运行时各物理量之间的关系，可作出空载运行时的相量图，如图 2-13 所示。

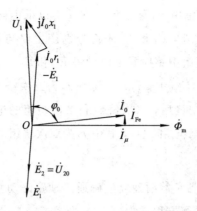

图 2-13　变压器空载运行时的相量图

作图步骤如下：

（1）以主磁通 $\dot{\Phi}_{\mathrm{m}}$ 作为参考相量，与水平线重合。

（2）作 $\dot{E}_1$、$\dot{E}_2$，它们滞后主磁通 $\dot{\Phi}_{\mathrm{m}}90°$，且 $\dot{E}_2 = \dot{U}_{20}$。

（3）做空载电流的无功分量 $\dot{I}_{\mu}$ 与 $\dot{\Phi}_{\mathrm{m}}$ 同相位，有功分量 $\dot{I}_{\mathrm{Fe}}$ 超前主磁通 $\dot{\Phi}_{\mathrm{m}}90°$，$\dot{I}_{\mu}$ 与 $\dot{I}_{\mathrm{Fe}}$ 的相量和即为 $\dot{I}_0$。

（4）最后根据电压平衡方程式（2-17），先画出 $-\dot{E}_1$，依次加上 $\dot{I}_0 r_1$（与 $\dot{I}_0$ 平行）和 $\mathrm{j}\dot{I}_0 x_1$（超前 $\dot{I}_0 90°$），最后得到 $\dot{U}_1$。$\dot{U}_1$ 与 $\dot{I}_0$ 的夹角为空载功率因数角 $\varphi_0$。变压器空载时的功率因数很低，$\cos\varphi_0 \approx 0.1 \sim 0.2$，所以 $\varphi_0$ 接近 $90°$。

## 二、单相变压器的负载运行

变压器一次绕组接额定频率、额定电压的交流电源，二次绕组接上负载的运行状态，称为变压器的负载运行，如图 2-14 所示。

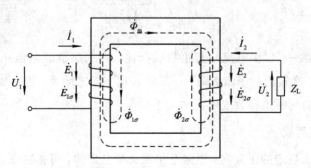

图 2-14　变压器负载运行原理图

**1. 负载运行时的电磁过程**

当变压器二次绕组接上负载 $Z_{\mathrm{L}}$ 时，二次绕组就有电流 $\dot{I}_2$ 流过，该电流产生磁动势 $\dot{F}_2 = N_2 \dot{I}_2$，此磁动势也作用在铁心的主磁路上，并力图改变主磁通 $\dot{\Phi}_{\mathrm{m}}$。由空载运行分析可知，当电源电压 $\dot{U}_1$ 不变时，主磁通 $\dot{\Phi}_{\mathrm{m}}$ 基本保持不变，因此一次绕组的电流必将相应地由 $\dot{I}_0$

变为 $\dot{I}_1$，一次绕组的磁动势也由 $\dot{F}_0$ 变为 $\dot{F}_1 = N_1 \dot{I}_1$，以抵消磁动势 $\dot{F}_2$ 对主磁通的影响，从而保持主磁通基本不变。此外，$\dot{F}_1$ 和 $\dot{F}_2$ 还将分别产生仅与各自绕组交链的漏磁通 $\dot{\Phi}_{1\sigma}$ 和 $\dot{\Phi}_{2\sigma}$，并在一次绕组和二次绕组中感应漏磁电动势 $\dot{E}_{1\sigma}$ 和 $\dot{E}_{2\sigma}$，它们分别可以用漏抗压降的形式来表示，即 $\dot{E}_{1\sigma} = -j\dot{I}_1 x_1$，$\dot{E}_{2\sigma} = -j\dot{I}_2 x_2$，其中 $x_2$ 为二次绕组的漏电抗，$x_2$ 与二次绕组的漏磁通相对应，它也是常量。最后，一次绕组和二次绕组的电流将分别在一次绕组和二次绕组的电阻中产生电阻压降 $\dot{I}_1 r_1$ 和 $\dot{I}_2 r_2$，其中 $r_2$ 为二次绕组的电阻。

**2. 磁动势平衡方程式**

由上述分析可知，变压器负载时建立主磁通的励磁磁动势是一次绕组和二次绕组的合成磁动势 $\dot{F}_1 + \dot{F}_2$，磁动势平衡方程式为

$$\dot{F}_1 + \dot{F}_2 = \dot{F}_0 \qquad (2-25)$$

或

$$N_1 \dot{I}_1 + N_2 \dot{I}_2 = N_1 \dot{I}_0 \qquad (2-26)$$

或

$$N_1 \dot{I}_1 = N_1 \dot{I}_0 + (-N_2 \dot{I}_2) \qquad (2-27)$$

将式(2-27)两边同除以 $N_1$ 可得

$$\dot{I}_1 = \dot{I}_0 + \left(-\frac{N_2}{N_1}\right)\dot{I}_2 = \dot{I}_0 + \left(-\frac{\dot{I}_2}{k}\right) \qquad (2-28)$$

式(2-28)说明，变压器负载运行时一次电流 $\dot{I}_1$ 由两个分量组成。一个分量 $\dot{I}_0$ 是用来产生主磁通 $\Phi_m$ 的励磁分量，另一个分量 $\left(-\dfrac{\dot{I}_2}{k}\right)$ 是用来平衡二次电流 $\dot{I}_2$ 对主磁通的影响，称为负载分量。

负载运行时，由于 $I_0 \ll I_1$，忽略 $I_0$ 时，则式(2-28)变为

$$\dot{I}_1 = -\frac{\dot{I}_2}{k} \qquad (2-29)$$

这表明，变压器一、二次电流与其匝数成反比，当二次负载电流 $I_2$ 增大时，一次电流 $I_1$ 将随着增大，即二次输出功率增大时，一次输入功率随之增大。所以变压器是一个能量传递装置，它在变压的同时也在改变电流的大小。

**3. 电压平衡方程式**

按图 2-14 所示规定的正方向，根据基尔霍夫第二定律，可得变压器负载运行时一、二次侧电动势平衡方程式为

$$\dot{U}_1 = -\dot{E}_1 - \dot{E}_{1\sigma} + r_1 \dot{I}_1 = -\dot{E}_1 + j\dot{I}_1 x_1 + r_1 \dot{I}_1 = -\dot{E}_1 + \dot{I}_1 Z_1 \qquad (2-30)$$

$$\dot{U}_2 = \dot{E}_2 + \dot{E}_{2\sigma} - r_2 \dot{I}_2 = \dot{E}_2 - j\dot{I}_2 x_2 - r_2 \dot{I}_2 = \dot{E}_2 - \dot{I}_2 Z_2 \qquad (2-31)$$

式中：$Z_2$——二次侧漏阻抗；

$\qquad r_2$——二次侧电阻；

$\qquad x_2$——二次侧漏电抗。

负载回路的电压平衡方程式为

$$\dot{U}_2 = \dot{I}_2 Z_\mathrm{L} \tag{2-32}$$

式中：$Z_\mathrm{L}$——负载阻抗。

$$Z_\mathrm{L} = R_\mathrm{L} + jX_\mathrm{L} \tag{2-33}$$

### 4. 负载时的等效电路

1) 绕组折算

由于变压器一次绕组和二次绕组之间只有磁的耦合，没有电的联系，因此使分析、计算很不方便。为了得到一次绕组和二次绕组间有电联系的等效电路，需要引入绕组折算的概念。

所谓绕组折算是指用一假想的绕组来代替变压器中的一个绕组，使之成为变比 $k=1$ 的变压器。折算可以是由二次侧向一次侧折算，即把二次匝数变换成一次匝数；也可以由一次侧向二次侧折算。

折算的原则是折算前后变压器内部的电磁效应不变，即折算前后磁动势平衡、有功功率损耗和无功功率损耗等均保持不变。在由二次侧向一次侧折算时，只要保持二次磁动势 $\dot{F}_2$ 不变，则变压器内部的电磁效应就不变。折算后的量在原来的符号上加一个上标号"'"以示区别，二次侧各量折算方法如下。

（1）二次电流的折算值

根据折算前后二次磁动势不变的原则，可得

$$\dot{I}_2' N_2' = \dot{I}_2 N_2 \tag{2-34}$$

即

$$\dot{I}_2' = \frac{N_2}{N_2'}\dot{I}_2 = \frac{N_2}{N_1}\dot{I}_2 = \frac{1}{k}\dot{I}_2 \tag{2-35}$$

（2）二次电动势的折算值

由于折算前后主磁通和漏磁通均未改变，根据电动势与匝数成正比的关系，可得

$$\frac{\dot{E}_2'}{\dot{E}_2} = \frac{N_2'}{N_2} = \frac{N_1}{N_2} = k \tag{2-36}$$

即

$$\dot{E}_2' = k\dot{E}_2 \tag{2-37}$$

同理，二次漏电动势、端电压的折算值

$$\dot{E}_{2\sigma}' = k\dot{E}_{2\sigma} \tag{2-38}$$

$$\dot{U}_2' = k\dot{U}_2 \tag{2-39}$$

（3）二次阻抗的折算值

根据折算前后二次铜损耗不变及二次漏磁无功损耗不变的原则，可得

$$\dot{I}_2'^2 r_2' = \dot{I}_2^2 r_2, \quad r_2' = \left(\frac{\dot{I}_2}{\dot{I}_2'}\right)^2 r_2 = k^2 r_2 \tag{2-40}$$

$$\dot{I}_2'^2 x_2' = \dot{I}_2^2 x_2, \quad x_2' = \left(\frac{\dot{I}_2}{\dot{I}_2'}\right)^2 x_2 = k^2 x_2 \qquad (2-41)$$

同理可得

$$Z_2' = k^2 Z_2, \quad Z_L' = k^2 Z_L \qquad (2-42)$$

由此可得，将二次侧向一次侧折算后，变压器的基本方程式为

$$\left.\begin{aligned}
\dot{U}_1 &= -\dot{E}_1 + (r_1 + jx_1)\dot{I}_1 \\
\dot{U}_2' &= \dot{E}_2' - (r_2' + jx_2')\dot{I}_2' \\
\dot{I}_1 &= \dot{I}_0 + (-\dot{I}_2') \\
\dot{E}_1 &= \dot{E}_2' \\
\dot{E}_1 &= -Z_m \dot{I}_0 \\
\dot{U}_2' &= Z_L' \dot{I}_2'
\end{aligned}\right\} \qquad (2-43)$$

2）负载时的等效电路

根据折算后的基本方程式组可以得到图 2-15 所示的电路。由于其形状像字母"T"，故称为"T"形等效电路。

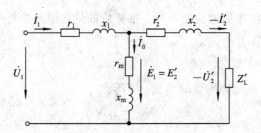

图 2-15　变压器的 T 形等效电路

"T"形等效电路虽然能准确地表达变压器内部的电磁关系，但其结构为混联电路，运算较繁。考虑到 $Z_m \gg Z_1$，$I_{1N} \gg I_0$，因而压降 $\dot{I}_0 Z_1$ 很小，可以忽略不计；同时，当 $\dot{U}_1$ 一定时，$\dot{I}_0$ 不随负载的变化而变化。这样，便可把"T"形等效电路中的励磁支路移到电源端，这样就得到近似等效电路，如图 2-16 所示。

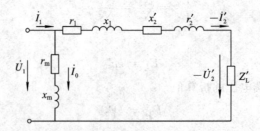

图 2-16　变压器的近似等效电路

由于一般变压器励磁电流 $\dot{I}_0$ 很小，因而在工程计算中，可把励磁电流 $\dot{I}_0$ 忽略掉，即去掉励磁支路，从而得到一个更简单的串联电路，如图 2-17 所示，称为简化等效电路。

图（2-17）中：$r_k$ 为短路电阻，$r_k = r_1 + r_2'$；$x_k$ 为短路电抗，$x_k = x_1 + x_2'$。

故短路阻抗为 $Z_k = r_k + \mathrm{j}x_k$。

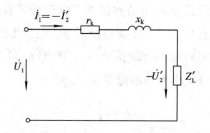

图 2-17  变压器的简化等效电路

# 课题三  变压器的参数测定和运行特性

## ◇ 学习目标

* 了解变压器空载试验的目的，掌握励磁参数的计算方法；
* 了解变压器短路试验的目的，掌握短路参数的计算方法；
* 理解变压器的标幺值；
* 掌握变压器的运行特性。

变压器等效电路中的励磁参数和短路参数，分别通过空载试验和短路试验求取。变压器的运行特性主要指外特性和效率特性，表征变压器运行性能的主要指标是电压变化率和效率。电压变化率是反映变压器供电电压质量的；效率则是反映变压器运行时的经济指标。

## 一、变压器的参数测定

### 1. 空载试验

空载试验是在变压器空载运行状态下进行的。通过空载试验测定变压器高、低压侧绕组的电压、空载电流 $I_0$ 和空载损耗 $p_0$，从而求得变压器的变比 $k$ 与励磁阻抗 $Z_m$。

空载试验的电路如图 2-18 所示。试验时，低压侧接电源，高压侧开路。通过调节调压器的输出电压使低压侧电压为额定电压 $U_{20} = U_{2N}$，读取高压侧开路电压 $U_{10}$、低压侧空载电流 $I_0$ 和空载损耗 $p_0$。

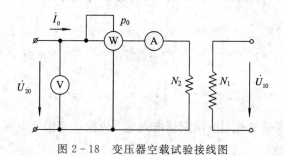

图 2-18  变压器空载试验接线图

空载试验时，变压器没有输出功率，此时输入有功功率即空载损耗 $p_0$ 全部用于变压器的内部损耗，即铁心损耗和绕组电阻上的铜损耗。由于变压器低压侧所加电压为额定值，铁心中的主磁通达到正常运行数值，因此铁心损耗 $p_{\text{Fe}}$ 也达到正常运行时的数值。又由于空载电流 $I_0$ 很小，绕组铜损耗相对很小，即 $p_{\text{cu}} \ll p_{\text{Fe}}$，因此 $p_{\text{cu}}$ 可忽略不计，$p_0 \approx p_{\text{Fe}}$。

根据空载等效电路，可得变比 $k$ 和励磁阻抗 $Z_{\text{m}}$ 为

$$k = \frac{U_{10}}{U_{2N}} \tag{2-44}$$

$$Z_{\text{m}} = \frac{U_{2N}}{I_0}, \quad r_{\text{m}} = \frac{p_0}{I_0^2}, \quad x_{\text{m}} = \sqrt{Z_{\text{m}}^2 - r_{\text{m}}^2} \tag{2-45}$$

由于空载试验是在变压器的低压侧进行的，故测得的励磁参数是折算至低压侧的数值。如果需要高压侧的励磁阻抗值，应将所测得的参数乘以 $k^2$。

对于三相变压器的空载试验，测出的电压、电流均为线值，测出的功率为三相功率值，计算时应进行相应的换算，即将电压、电流换算为相值，将功率换算为单相值。

### 2. 短路试验

短路试验是在变压器二次绕组短路的条件下进行的，通过测量短路电压 $U_k$ 和短路损耗 $p_k$，求得短路阻抗 $Z_k$。

短路试验的电路图如图 2-19 所示。试验时，高压侧加电压，低压侧短路。通过调节调压器的输出电压使短路电流 $I_k$ 上升到额定电流 $I_{1N}$，读取短路电压 $U_k$ 和短路损耗 $p_k$，并记录试验时的室温 $t(\text{℃})$。为了避免绕组发热引起电阻变化，试验应尽快进行。

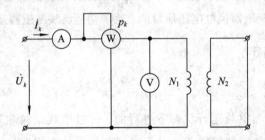

图 2-19　变压器短路试验接线图

短路试验时，由于高压侧外加电压很低，铁心中的主磁通很小，因此铁心损耗可忽略，而短路电流达到额定值，铜耗较大，故可认为短路损耗就近似等于铜耗，根据短路等效电路，可得短路参数为

$$Z_k = \frac{U_k}{I_k} = \frac{U_k}{I_{1N}}, \quad r_k = \frac{p_k}{I_k^2} = \frac{p_k}{I_{1N}^2}, \quad x_k = \sqrt{Z_k^2 - r_k^2} \tag{2-46}$$

对"T"形等效电路，可认为 $r_1 = r_2' = \frac{1}{2} r_k$，$x_1 = x_2' = \frac{1}{2} x_k$。

由于电阻值随温度而变化，按国家标准规定，应把在室温 $\theta$ 下测得的电阻值换算到标准工作温度 $75\text{℃}$ 时的值。

对于铜线：

$$r_{k75℃} = \frac{235 + 75}{235 + \theta} r_k \tag{2-47}$$

与 $r_k$ 相关的其他量也应换算到 75℃ 时的值，即

$$Z_{k75℃} = \sqrt{r_{k75℃}^2 + x_k^2} \tag{2-48}$$

$$p_{k75℃} = r_{k75℃} I_{1N}^2 \tag{2-49}$$

$$U_{k75℃} = Z_{k75℃} I_{1N} \tag{2-50}$$

由于短路试验是在高压侧加电源，所测得数据为高压侧值。如需要低压侧的数值，也要进行折算。

短路电压通常用它与额定电压之比的百分值表示，称为短路电压百分值，即

$$u_k = \frac{U_{k75℃}}{U_{1N}} \times 100\% \tag{2-51}$$

短路电压也是变压器的一个重要参数，它的大小反映了变压器在额定负载时短路阻抗压降的大小。一般中、小型电力变压器的 $u_k$ 为 $4\% \sim 10.5\%$，大型电力变压器的 $u_k$ 为 $12.5\% \sim 17.5\%$。

需特别注意，上述各公式均按一相计算。对于三相变压器，则应首先将测量数据换算为相值（相电压、相电流和一相的损耗），然后才能代入公式。

### 3. 标幺值

在电力工程计算中，对于各个物理量常常用其标幺值进行运算。所谓某物理量的标幺值，是指其实际值与选定的同物理量的基值之比，即

$$标幺值 = \frac{实际值}{基值}$$

标幺值是一个相对值，没有单位。标幺值习惯上用各物理量原来符号的右上角加 "$*$" 号来表示。

1）基值的选择

理论上基值可以任意选定，通常取各物理量本身的额定值作为基值。在变压器中，一次侧、二次侧各物理量选各自的额定值为基值，例如 $U_1^* = \frac{U_1}{U_{1N}}$，$I_1^* = \frac{I_1}{I_{1N}}$，$Z_1^* = \frac{Z_1 I_{1N}}{U_{1N}}$。

2）标幺值的特点

（1）采用标幺值可以简化各量的数值，并能直观地看出变压器的运行情况。例如某量为额定值时，其标幺值为 1；若 $I_2^* = 0.9$，表明该变压器带 $90\%$ 额定负载。

（2）采用标幺值计算，一、二次侧各量均不需要折算。例如：

$$U_2'^* = \frac{U_2'}{U_{2N}'} = \frac{kU_2}{kU_{2N}} = \frac{U_2}{U_{2N}} = U_2^*$$

（3）用标幺值表示，电力变压器的参数和性能指标总在一定的范围之内，便于分析比较。例如短路阻抗 $Z_k^* = 0.04 \sim 0.175$，空载电流 $I_0^* = 0.02 \sim 0.10$。

(4) 采用标么值,某些不同的物理量具有相同的数值。例如:

$$Z_k^* = \frac{Z_k I_{1N}}{U_{1N}} = u_k$$

## 二、变压器的运行特性

### 1. 外特性和电压变化率

1) 外特性

变压器负载运行时,当电源电压为额定值、负载的功率因数一定时,二次电压随负载电流的变化而变化,这种变化规律可用外特性来描述。

负载运行时,由于变压器内部存在漏阻抗,因此当负载电流流过时,变压器内部会产生阻抗压降,从而使二次电压随负载电流的变化而变化。不同性质负载的外特性曲线如图 2-20 所示。

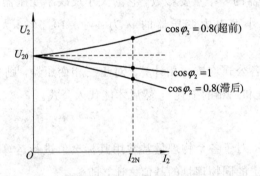

图 2-20  变压器的外特性

2) 电压变化率

负载运行时,二次电压随负载电流的变化程度可用电压变化率表示。

所谓电压变化率 $\Delta U$,是指变压器一次绕组接额定电压的交流电源,负载功率因数一定,二次绕组的开路电压 $U_{20}$ 和二次绕组负载时的实际电压 $U_2$ 之差,与二次绕组额定电压比值的百分数,即

$$\Delta U\% = \frac{U_{20} - U_2}{U_{2N}} \times 100\% = \frac{U_{2N} - U_2}{U_{2N}} \times 100\% \tag{2-52}$$

由变压器的简化等值电路的相量图,可以推导出电压变化率的实用公式为

$$\Delta U\% = \beta(r_k^* \cos\varphi_2 + x_k^* \sin\varphi_2) \times 100\% \tag{2-53}$$

式中:$\beta$——变压器负载系数,$\beta = \dfrac{I_1}{I_{1N}} = \dfrac{I_2}{I_{2N}}$;

$r_k^*$——短路电阻的标么值;

$x_k^*$——短路电抗的标么值。

对常用的电力变压器,当 $I = I_{2N}$、$\cos\varphi_2 = 0.8$(滞后)时,$\Delta U\%$ 为 5%～8%。

**2. 损耗和效率**

1）变压器的损耗

变压器的损耗包括铁损耗 $p_{Fe}$ 和铜损耗 $p_{Cu}$ 两大类，总损耗 $\sum p = p_{Fe} + p_{Cu}$。在额定电压 $U_{1N}$ 下，由于铁损耗近似地与 $B_m^2$（即 $\Phi_m^2$ 或 $U_1^2$）成正比而基本不变，与负载电流变化无关，所以铁损耗又称为不变损耗。如果忽略励磁电流 $I_0$，铜损耗就与负载电流的平方成正比，所以铜损耗又称为可变损耗。

铁损耗里，除了主磁通引起的铁损耗以外，还有因铁心叠片间绝缘损伤引起的局部涡流损耗，主、漏磁通在油箱以及其它结构部件里引起的铁损耗等，称为附加铁耗。同样，铜损耗里，除了一、二次直流电阻引起的铜损耗外，还有因集肤效应导体中电流分布不均匀等引起的铜损耗，称为附加铜耗。

2）变压器的效率

变压器在传递电能的过程中，内部产生了铜损耗和铁损耗，致使输出功率小于输入功率。输出有功功率 $p_2$ 与输入有功功率 $p_1$ 之比称为变压器效率，用 $\eta$ 表示，即

$$\eta = \frac{P_2}{P_1} \times 100\% \qquad (2-54)$$

工程上，通过测量变压器的损耗来间接计算出效率。可以证明：

$$\eta = \frac{P_2}{P_1} \times 100\% = \frac{P_1 - \sum p}{P_1} \times 100\% = \left(1 - \frac{p_0 + \beta^2 p_k}{\beta S_N \cos\varphi_2 + p_0 + \beta^2 p_k}\right) \times 100\%$$

$$(2-55)$$

由式（2-55）可知，变压器的效率 $\eta$ 与负载系数 $\beta$ 和负载的性质有关。当负载功率因数 $\cos\varphi_2$ 一定时，效率特性曲线如图 2-21 所示。

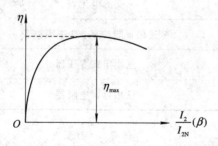

图 2-21　变压器的效率特性

将式（2-55）对 $\beta$ 求导，令 $\frac{d\eta}{d\beta} = 0$，可得当变压器的可变损耗等于不变损耗时，变压器的效率为最大，即

$$\beta_{max} = \sqrt{\frac{p_0}{p_k}} \qquad (2-56)$$

式中：$\beta_{max}$——最大效率时的负载系数。

由于电力变压器长期接在电网上运行总有铁损耗，而铜损耗随负载而变化，一般变压

器不可能总在额定负载下运行。因此，为提高变压器的运行效益，铁损耗设计得小些，一般电力变压器取 $\frac{p_0}{p_k} = \left(\frac{1}{4} \sim \frac{1}{3}\right)$，即 $\beta_{max}$ 在 0.5~0.6 之间。

# 实训　变压器的参数测定

## 一、任务目标

测定变压器的变比和参数。

## 二、预习要点

(1) 变压器的空载和短路试验有什么特点？试验中电源电压一般加在哪一方较为合适？

(2) 在空载试验和短路试验中，各种仪表应怎样连接才能使测量误差最小？

(3) 如何测定变压器的铁耗及铜耗。

## 三、实训设备

实训设备如表 2-2 所示。

表 2-2　设 备 材 料 表

| 序号 | 型号 | 名称 | 数　量 |
|------|------|------|--------|
| 1 | D33 | 交流电压表 | 1 件 |
| 2 | D32 | 交流电流表 | 1 件 |
| 3 | D34-3 | 单三相智能功率、功率因数表 | 1 件 |
| 4 | DJ11 | 三相组式变压器 | 1 件 |
| 5 | D42 | 三相可调电阻器 | 1 件 |

## 四、实训内容和步骤

**1. 认识实验台**

认识 DDSZ-1 型电机及电气技术实验装置各面板布置及使用方法，了解电机实训的基本要求，安全操作和注意事项。

**2. 变压器励磁参数的测定**

(1) 按图 2-22 接线。被测变压器选用三相组式变压器 DJ11 中的一只作为单相变压器。变压器的低压线圈 a、x 接电源，高压线圈 A、X 开路。

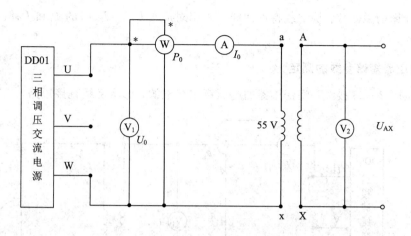

图 2-22 变压器励磁参数测定接线图

(2) 将控制屏左侧调压器旋钮向逆时针方向旋转到底,即将其调到输出电压为零的位置。

(3) 合上交流电源总开关,调节三相调压器旋钮,使变压器空载电压 $U_0 = 1.2U_{2N}$,然后逐次降低电源电压,在 $(1.2\sim0.2)U_{2N}$ 的范围内,测取变压器的 $U_0$、$I_0$、$P_0$。

(4) 测取数据时,$U_0 = U_{2N}$ 点必须测,将测取数据记录于表 2-3 中。

表 2-3 测量数据及计算结果

| 序号 | 实验数据 | | | | 计算数据 |
|---|---|---|---|---|---|
| | $U_0/V$ | $I_0/A$ | $P_0/W$ | $U_{AX}/V$ | $\cos\varphi_0$ |
| 1 | | | | | |
| 2 | | | | | |
| 3 | | | | | |
| 4 | | | | | |
| 5 | | | | | |
| 6 | | | | | |
| 7 | | | | | |
| 8 | | | | | |

(5) 计算变比。由空载实验测变压器的原副方电压的数据,分别计算出变比,然后取其平均值作为变压器的变比 $K$。

$$K = \frac{U_{AX}}{U_{ax}}$$

(6) 绘制变压器空载特性曲线 $U_0 = f(I_0)$,$P_0 = f(U_0)$,$\cos\Phi_0 = f(U_0)$。式中:$\cos\Phi_0 = \frac{P_0}{U_0 I_0}$

（7）计算励磁参数。从空载特性曲线上查出对应于 $U_0 = U_{2N}$ 时的 $I_0$ 和 $P_0$ 值，计算励磁参数 $r_m$、$Z_m$、$X_m$。

**3. 变压器短路参数的测定**

（1）按图 2-23 接线，将变压器的高压绕组接电源，低压绕组直接短路。

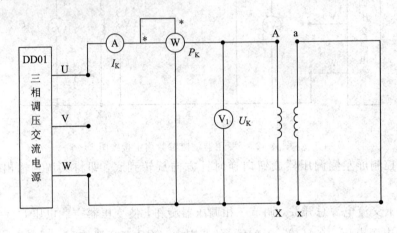

图 2-23 变压器短路参数测定接线图

（2）选好所有电表量程，将交流调压器旋钮调到输出电压为零的位置。

（3）接通交流电源，逐次缓慢增加输入电压，直到短路电流等于 $1.1I_{1N}$ 为止，在 $(0.2 \sim 1.1)I_{1N}$ 范围内测取变压器的 $U_K$、$I_K$、$P_K$。

（4）测取数据时，$I_K = I_{1N}$ 点必须测，将测取数据记录于表 2-4 中。记录周围环境温度（℃）。

表 2-4 测量数据及计算结果　　　　　室温_____℃

| 序号 | 实验数据 | | | 计算数据 |
|---|---|---|---|---|
| | $U_K/\text{V}$ | $I_K/\text{A}$ | $P_K/\text{W}$ | $\cos\Phi_K$ |
| 1 | | | | |
| 2 | | | | |
| 3 | | | | |
| 4 | | | | |
| 5 | | | | |
| 6 | | | | |
| 7 | | | | |
| 8 | | | | |

（5）绘制变压器短路特性曲线 $U_K = f(I_K)$，$P_K = f(I_K)$，$\cos\Phi_K = f(I_K)$。

（6）计算短路参数 $Z_K$、$r_K$、$X_K$。

（7）利用测定的参数，画出被试变压器折算到低压侧的"T"型等效电路。

## 五、注意事项

电压表、电流表、功率表的合理布置及量程选择。

# 课题四  三相变压器的应用

◇ **学习目标**

- 掌握三相变压器的磁路系统；
- 掌握三相变压器的联结组的概念和判定方法；
- 了解三相变压器的并联运行；
- 掌握变压器的运行特性。

目前电力系统均采用三相制供电，故三相变压器得到了广泛的应用。三相变压器可由三台同容量的单相变压器组成，这种情况称为三相变压器组；也用铁轭把三个铁心柱连在一起构成一台三相变压器，这种三相变压器称为三相心式变压器。三相变压器对称运行时，就其一相而言，与单相变压器没有什么区别，故前面所述单相变压器的分析方法及结论，完全适用于三相变压器的对称运行。

## 一、三相变压器的磁路系统

### 1. 三相变压器组的磁路

三相变压器组的磁路如图 2-24 所示，图中三相的主磁通沿各自的磁路闭合，相互独立，三相磁路彼此无关。当变压器一次侧外加三相对称的电压时，三相主磁通 $\dot{\Phi}_U$、$\dot{\Phi}_V$ 和 $\dot{\Phi}_W$ 是对称的，三相主磁路也是对称的，故三相空载电流是对称的。

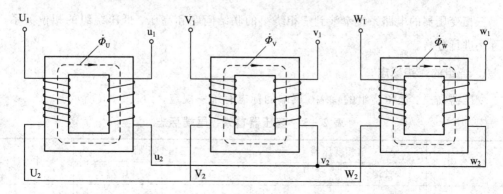

图 2-24  三相变压器组的磁路

**2. 三相心式变压器的磁路**

三相心式变压器的磁路如图 2-25 所示，它的结构可以看成由三相变压器组演变而来。如果将三台单相变压器的铁心合并成如图 2-25(a)所示的形式，当外加三相对称电压时，三相主磁通是对称的，则中间公共铁心柱的磁通为 $\dot{\Phi}_U + \dot{\Phi}_V + \dot{\Phi}_W = 0$，故可以取消公共铁心柱，如图 2-25(b)所示。为了节省材料和便于制造，将三相铁心柱布置在同一平面内，便可得到如图 2-25(c)所示的形式，这就是目前广泛采用的三相心式变压器的铁心结构。在这样的磁路系统中，每相的主磁通都要通过另外两相的磁路闭合，故三相磁路彼此相关。当变压器一次侧外加三相对称的电压时，三相主磁通 $\dot{\Phi}_U$、$\dot{\Phi}_V$ 和 $\dot{\Phi}_W$ 是对称的，但三相磁路不对称，导致三相磁路磁阻不相等，故三相空载电流不相等。由于一般电力变压器的空载电流较小，它的不对称对变压器负载运行的影响很小，因此可不予考虑。

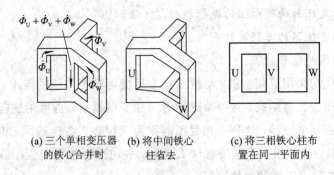

(a) 三个单相变压器　　(b) 将中间铁心　　(c) 将三相铁心柱布
　　的铁心合并时　　　　柱省去　　　　　　置在同一平面内

图 2-25　三相心式变压器的磁路

比较以上两种不同磁路系统的三相变压器可以看出，在相同的额定容量下，三相心式变压器具有节省材料、维护方便、占地面积小等优点，因此被广泛采用；但三相变压器组中的每个单相变压器具有体积小、重量轻、便于运输、备用容量小等优点，因此在制造和运输有困难的超高压、特大容量变压器中采用。

## 二、三相变压器的联结组标号

三相变压器的电路系统牵涉到三相绕组的联结问题和高压、低压绕组的相位关系，下面逐一进行分析。

**1. 绕组的端头标志**

变压器高压、低压绕组的首端、尾端的标志有统一规定，如表 2-5 所示。

表 2-5　变压器首端、尾端标志

| 绕组名称 | 单相变压器 | | 三相变压器 | | 中点 |
|---|---|---|---|---|---|
| | 首端 | 尾端 | 首端 | 尾端 | |
| 高压绕组 | $U_1$ | $U_2$ | $U_1$、$V_1$、$W_1$ | $U_2$、$V_2$、$W_2$ | N |
| 低压绕组 | $u_1$ | $u_2$ | $u_1$、$v_1$、$w_1$ | $u_2$、$v_2$、$w_2$ | n |

**2. 单相变压器的联结组标号**

单相变压器高、低压绕组被同一交变主磁通所交链，在某一瞬间，当高压绕组某一端头为高电位时，低压绕组在该瞬间也有一个端头为高电位。这两个具有高电位的端头就是同极性端，也称为同名端，同极性端用在对应的端头旁加"·"表示。同极性端由绕组的绕向决定，与绕组首端、尾端标志无关，如图 2-26 所示。

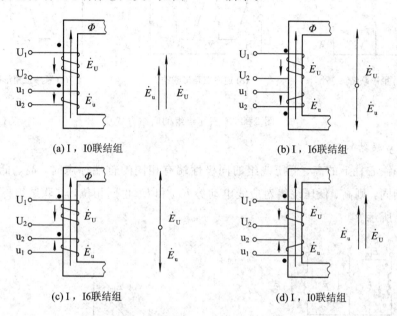

图 2-26　单相变压器的联结组标号

如果规定绕组相电动势的正方向为从首端指向尾端，则当高、低压绕组首端为同名端时，高、低压绕组相电动势相位相同；当高、低压绕组首端为异名端时，高、低压绕组相电动势相位相反。

单相变压器的联结组标号常采用时钟表示法表示，即把高压绕组的电动势相量作为时钟的分针，始终指向 12 点，低压绕组的电动势相量作为时钟的时针，它所指的钟点数就是单相变压器的联结组标号。当高、低压绕组电动势同相位时，时针指向 12 点（即 0 点），联结组为 I，I0，其中 I，I 表示单相变压器，如图 2-26(a)、(d)所示；当高、低压绕组电动势反相位时，时针指向 6 点，联结组为 I，I6，如图 2-26(b)、(c)所示。国家标准规定 I，I0 为单相变压器的标准联结组标号。

**3. 三相变压器的联结组标号**

三相变压器的联结组标号用来表示三相变压器高、低压绕组的联结方式及其对应线电动势的相位关系，联结组标号由联结方式和联结组号组成。

三相变压器绕组的联结方式有星形联结和三角形联结两种常用方式。星形联结是把三相绕组的尾端连在一起，作为中点，将三相绕组的首端引出，高压绕组用"Y"表示，低压绕组用"y"表示。如图 2-27(a)所示。三角形联结是把一相绕组的尾端与另一相绕组的首端相连，依次连成一个闭合回路，然后将三相绕组的首端引出，高压绕组用"D"表示，低压绕组用"d"表示。它有两种联结法：一种是 $U_1U_2-W_1W_2-V_1V_2$ 的联结法（逆序三角形），如图 2-27(b)所示；另一种是 $U_1U_2-V_1V_2-W_1W_2$ 的联结法（顺序三角形），如图 2-27(c)所示。

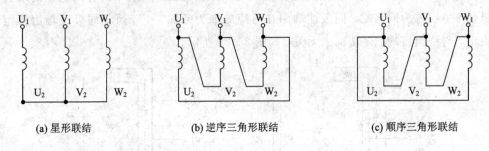

(a) 星形联结　　　　　　(b) 逆序三角形联结　　　　　　(c) 顺序三角形联结

图 2-27　三相绕组的联结方式

1）Y，y 联结

当同一铁心柱上的高、低压绕组的同极性端有相同的首端标志时，高、低压绕组相电动势相位相同，则高、低压绕组对应线电动势 $\dot{E}_{UV}$ 和 $\dot{E}_{uv}$ 也同相位，其联结组标号为 Y，y0，如图 2-28 所示。

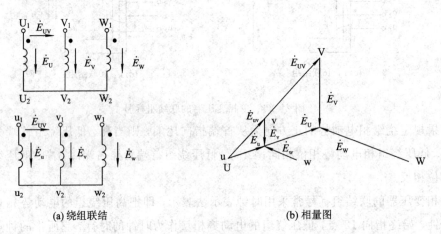

(a) 绕组联结　　　　　　　　　(b) 相量图

图 2-28　Y，y0 联结组

当同一铁心柱上的高、低压绕组的不同极性端有相同的首端标志时，高、低压绕组相电动势相位相反，则对应的线电动势 $\dot{E}_{UV}$ 和 $\dot{E}_{uv}$ 相位也相反，其联结组标号为 Y，y6，如图 2-29 所示。

对图 2-28 所示联结绕组，如果保持高压绕组的三相标志不变，而将低压绕组三相标志依次后移一个铁心柱，即将 $v_1v_2$ 换为 $u_1u_2$、$w_1w_2$ 换为 $v_1v_2$、$u_1u_2$ 换为 $w_1w_2$。在相量图上相当于把各相应的电动势顺时针方向转了 $120°$（即 4 个钟点数），则得 Y，y4 联结组标号；如后移两个铁心柱，则得 Y，y8 联结组标号。同理，对图 2-29 所示联结绕组，采取三相标志轮换的办法，可得到 Y，y10；Y，y2 联结组标号。

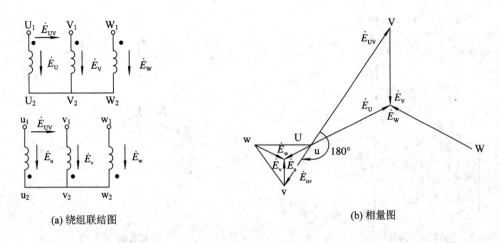

(a) 绕组联结图　　　　　　　　　　　　　　(b) 相量图

图 2-29　Y，y6 联结组

2）Y，d 联结

图 2-30(a) 表示高压绕组为 Y 联结法，低压绕组为 d 联结法。图中高、低压绕组将同极性端标为首端，低压绕组为逆序三角形联结，此时高、低压绕组相电动势相位相同，但低压绕组线电动势 $\dot{E}_{uv}$ 超前高压绕组线电动势 $\dot{E}_{UV}$ 30°，相量图如图 2-30(b) 所示，故联结组标号为 Y，d11。

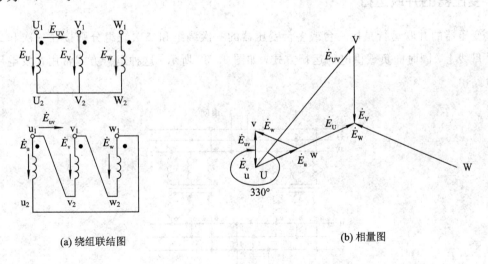

(a) 绕组联结图　　　　　　　　　　　　　　(b) 相量图

图 2-30　Y，d11 联结组

如果低压绕组联结成图 2-31(a) 所示的顺序三角形联结，高、低压绕组将同极性端标为首端，可得高低压绕组相量图，如图 2-31(b) 所示。线电动势 $\dot{E}_{uv}$ 滞后高压绕组线电动势 $\dot{E}_{UV}$ 30°，故联结组标号为 Y，d1。

同理，保持高压绕组的三相标志不变，而将低压绕组三相标志轮换，则可得 Y，d3；Y，d5；Y，d7；Y，d9 等联结组。

变压器联结组的种类很多，为了使用和制造上的方便，我国国家标准规定只生产下列五种标准联结组标号的电力变压器，即 Y，$y_n$0；Y，d11；$Y_N$，d11；$Y_N$，y0；Y，y0。其中以

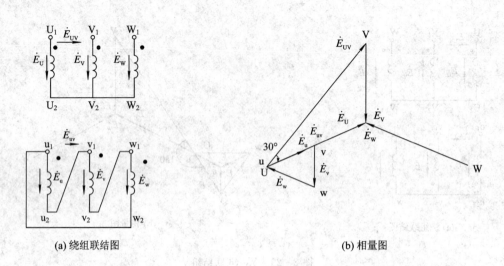

| (a) 绕组联结图 | (b) 相量图 |

图 2-31  Y，d1 联结组

前三种最为常用。Y，yₙ0 联结组的二次绕组可引出中性线，成为三相四线制，用作配电变压器时可兼供动力和照明负载。Y，d11 联结组用于低压侧超过 400 V 的线路中。Y_N，d11 联结组主要用于高压输电线路中，使电力系统的高压侧中性点有可能接地。

## 三、变压器的并联运行

变压器的并联运行是指两台或多台变压器的一次绕组和二次绕组分别接在一次和二次公共母线上，同时向负载供电的运行方式，如图 2-32 所示。这种运行方式常用在发电厂和变电站中。

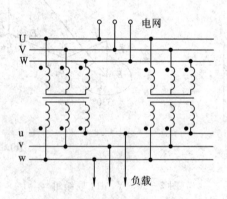

图 2-32  两台变压器的并联运行

### 1. 变压器并联运行的优点

（1）可以提高供电的可靠性。当一台变压器故障或检修时，其他变压器仍可保证重要负载的供电。

（2）可以提高运行的经济性。可根据负载的变化，调整投入并联运行变压器的台数，以减少电能损耗，提高运行效率。

（3）可以减少总的备用容量，并可随着负载的增加，分期安装变压器，以减少初装投资。

**2. 变压器并联运行的条件**

变压器并联运行的理想情况是：各台并联变压器的一次绕组和二次绕组中没有环流，负载能按各台变压器的容量成正比地分配，且各台变压器二次电流最好是同相位。只有这样，才能避免因并联引起的附加损耗，并且充分利用变压器的容量。要达到理想情况，并联运行的变压器要满足以下条件：

（1）各台变压器一次和二次额定电压分别要相等，即变比相等。

（2）各台变压器具有相同的联结组。

（3）各台变压器的短路阻抗标幺值要相等，短路阻抗角也相等。

# 课题五　特种变压器的应用

## 学习目标
- 掌握自耦变压器的工作原理和特点；
- 掌握互感器的工作原理和使用方法。

在电力系统中，除了大量地采用前面介绍的三相双绕组变压器外，也采用适用于各种用途的其他变压器。这里我们主要分析较常用的自耦变压器和仪用互感器。

## 一、自耦变压器

普通双绕组变压器的一、二次绕组之间只有磁的耦合，没有电的联系。自耦变压器和双绕组变压器不同，它的结构特点是一、二次绕组共用一部分绕组，一、二次绕组之间不仅有磁的耦合，还有电的联系，接线原理图如图 2-33 所示。

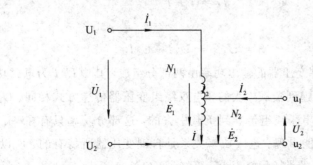

图 2-33　自耦变压器的接线原理图

**1. 电压和电流关系**

1）电压关系

与单相变压器同理，忽略漏阻抗压降的影响，有

$$k_a = \frac{E_1}{E_2} = \frac{N_1}{N_2} \approx \frac{U_1}{U_2} \qquad (2-57)$$

式中：$k_a$——自耦变压器的变比。

可见，在外加电压 $U_1$ 一定时，通过移动副绕组的滑动触头，使副绕组的匝数 $N_2$ 改变，便可改变自耦变压器的变比 $k_a$，达到调节副边电压 $U_2$ 的目的。

2）电流关系

自耦变压器负载运行时的磁动势平衡方程式，可以仿照单相变压器负载运行时的磁动势平衡方程式得出

$$N_1 \dot{I}_1 + N_2 \dot{I}_2 = N_1 \dot{I}_0 \qquad (2-58)$$

忽略励磁电流 $\dot{I}_0$，则有

$$\dot{I}_1 \approx -\frac{N_2}{N_1} \dot{I}_2 = -\frac{1}{k_a} \dot{I}_2 \qquad (2-59)$$

$\dot{I}_1$ 与 $\dot{I}_2$ 相位相反。

由图 2-33 可知，公共绕组中的电流 $\dot{I}$ 为

$$\dot{I} = \dot{I}_1 + \dot{I}_2 = -\frac{1}{k_a} \dot{I}_2 + \dot{I}_2 = \left(1 - \frac{1}{k_a}\right) \dot{I}_2 \qquad (2-60)$$

有效值为

$$I = I_2 - I_1 = \left(1 - \frac{1}{k_a}\right) I_2 \qquad (2-61)$$

可见，公共绕组的电流 $I$ 总是小于输出电流 $I_2$。

**2. 容量关系**

单相自耦变压器的容量为

$$S = U_1 I_1 = U_2 I_2 \qquad (2-62)$$

由式（2-61）可知

$$I_2 = I + I_1 \qquad (2-63)$$

所以

$$S = U_2 I_2 = U_2 I + U_2 I_1 \qquad (2-64)$$

式（2-64）表明，自耦变压器的输出功率由两部分组成，其中 $U_2 I$ 为电磁功率，是通过电磁感应作用从一次侧传递到负载中去的，与双绕组变压器传递方式相同。$U_2 I_1$ 为传导功率，它是直接由电源通过串联绕组传导到负载中去的，这部分功率只有在一、二次绕组之间有电的联系时，才有可能出现。这一功率关系是自耦变压器所特有的，所以相同容量的自耦变压器比双绕组变压器消耗材料更少、更轻、更经济。

## 二、仪用互感器

仪用互感器是电力系统中用来测量大电流、高电压的特殊变压器。使用互感器有两个目的：一是使测量回路与被测回路隔离，从而保证操作人员和设备的安全；二是可以使用

小量程的电流表和电压表测量大电流和高电压。仪用互感器分为电流互感器和电压互感器两大类。

**1. 电流互感器**

电流互感器是用来测量大电流的仪用互感器，其接线图如图 2-34 所示。电流互感器均制成单相的，一次绕组由一匝或几匝粗导线组成，串接在被测回路中；二次绕组由匝数较多的细导线组成，与阻抗很小的仪表（电流表、功率表的电流线圈或继电器的线圈）串联组成闭合回路。因此，电流互感器相当于短路运行的升压变压器。

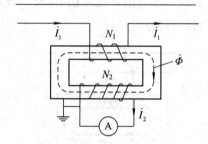

图 2-34 电流互感器的原理图

当电流互感器运行时，根据变压器的磁动势平衡方程式有

$$N_1 \dot{I}_1 + N_2 \dot{I}_2 = N_1 \dot{I}_0 \qquad (2-65)$$

为了减少测量误差，铁心中的磁通密度一般设计得较低，励磁电流很小，可以忽略不计，则有

$$\dot{I}_1 = -\frac{N_2}{N_1} \dot{I}_2 = -k_i \dot{I}_2 \qquad (2-66)$$

式中：$k_i$——电流互感器的电流比。

由式(2-66)可知，电流互感器利用一次绕组和二次绕组匝数的不同，可将线路的大电流转换成小电流测量。通常电流互感器一次绕组的额定电流范围为 10~2500 A，二次绕组的额定电流为 5 A，并且当与测量仪表配套使用时，电流表按一次绕组的电流值标出，即可从电流表上直接读出被测电流值。另外，二次绕组还可以有很多抽头，可根据被测电流的大小适当选择。

实际上，电流互感器内总有一定的励磁电流，所以测量的电流总有一定的误差。根据误差的大小，通常电流互感器分为 0.2、0.5、1.0、3.0 和 10.0 五个等级，并且级数越大，误差越大。

使用电流互感器时必须注意以下几点。

(1) 运行时二次绕组绝对不允许开路。如果二次绕组开路，电流互感器就成为空载运行，被测回路的大电流就成为互感器的励磁电流，它将使铁心严重饱和，一方面造成铁心过热而损坏绕组绝缘；另一方面，在二次绕组将会感应产生过电压，可能击穿绝缘，危及操作人员和仪表的安全。因此，电流互感器二次绕组中不允许装熔断器，运行中如果需要拆下测量仪表，应先将二次绕组短接。

（2）铁心和二次绕组必须可靠接地，以避免绝缘损坏时，一次侧的高电压传到二次侧，危及操作人员和仪表的安全。

（3）二次绕组串联的仪表阻抗值不应超过规定，以避免降低测量精度。

**2. 电压互感器**

电压互感器是用来测量高电压的仪用互感器，其原理接线图如图 2-35 所示。与电流互感器相反，电压互感器的一次绕组匝数很多，并且并联在被测线路上；二次绕组匝数较少，与阻抗很大的仪表（电压表或功率表的电压线圈）连接组成闭合回路，因此二次电流很小。电压互感器相当于空载运行的降压变压器。

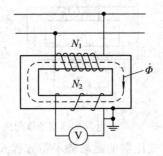

图 2-35　电压互感器的原理图

当电压互感器运行时，如果忽略漏阻抗压降，则有

$$k_u = \frac{E_1}{E_2} = \frac{N_1}{N_2} \approx \frac{U_1}{U_2} \tag{2-67}$$

或

$$U_1 \approx k_u U_2 \tag{2-68}$$

式中：$k_u$——电压互感器的电压比。

由式（2-68）可知，电压互感器利用一次绕组和二次绕组的匝数不同，可将线路的高电压转换成二次侧的低电压来测量。通常将电压互感器二次绕组的额定电压设计为 100 V，并且当与测量仪表配套使用时，电压表也按一次绕组的电压值标出，即可从电压表上直接读出被测电压值。另外，与电流互感器不同，电压互感器在一次绕组还可以有很多抽头，可以根据被测线路电压的大小适当选择电压变比。

实际上，由于空载电流、一次绕组和二次绕组漏阻抗的存在，电压互感器测量的电压值总有一定的变比误差和相位误差。根据误差的大小，电压互感器分为 0.2、0.5、1.0 和 3.0 四个等级。

使用电压互感器时必须注意以下几点。

（1）运行时二次绕组绝对不允许短路。如果二次绕组发生短路，就会产生很大的短路电流而烧坏电压互感器。因此，与电流互感器不同，电压互感器使用时在二次绕组中应串联熔断器作为短路保护。

（2）铁心和二次绕组的一端必须可靠接地，以防止高压绕组绝缘损坏时，铁心和二次绕组带上高电压，危及操作人员和仪表的安全。

（3）二次绕组连接的仪表阻抗值不应过小，以避免降低测量精度。

# 课题六　变压器的使用、维护和检修

◇ 学习目标
- 了解电力变压器的选择原则和日常运行维护；
- 了解电力变压器的常见故障以及处理方法。

## 一、变压器的选择

（1）结构形式的选择。电力变压器分为户内式和户外式两种，应根据使用条件的不同来选择。

（2）额定电压的选择。变压器的运行电压一般不应高于该运行分接头额定电压的 5%，特殊情况下允许在不超过 10% 的额定电压下运行；变压器的二次电压应尽量接近用户所需的额定电压。

（3）容量的选择。在选择变压器的容量时，必须认真分析变压器所接的负荷电动机的起动情况，还需考虑近几年的发展情况，应留有一定的裕量。一般电力变压器的容量可按下式选择：

$$S = \frac{PK_A}{\eta \cos\varphi} \tag{2-69}$$

式中：$S$——变压器容量；

　　　$P$——用电设备的总容量；

　　　$K_A$——同一时间投入运行的设备实际容量与设备总容量之比，一般为 0.7；

　　　$\eta$——用电设备的效率，一般为 0.85～0.9；

　　　$\cos\varphi$——用电设备的功率因数，一般为 0.8～0.9。

通常在选择变压器容量时，还应考虑到电动机直接起动电流是额定电流的 4～7 倍的这一因素。通常直接起动的电动机中，最大一台的容量不宜超过变压器容量的 30%。

## 二、变压器的日常维护

### 1. 正常情况下巡视检查

值班人员应按规定的分工及周期对变压器及其附属设备全面进行检查维护，每天至少一次，一般项目如下：

（1）声响、油位、温度是否正常。

（2）气体继电器是否充满油，变压器外壳是否清洁、渗漏，防爆管是否完整、无裂纹。

（3）套管是否清洁、无裂纹和打火放电现象，引线接头是否良好、有无热现象（晚上进行熄灯检查一次）。

（4）冷却系统是否正常，有载调压装置的运行是否正常，分接开关的位置是否符合电压的要求。

（5）变压器的主附设备的外壳接地是否良好。

**2. 变压器特殊巡视检查**

系统发生短路或天气突然发生变化时（如大风、大雨、大雪及气温骤冷骤热等），值班人员应对变压器及其附属设备进行重点检查。其项目如下：

（1）过负荷时，检查油温油位是否正常，各引线接头是否良好，示温蜡片有无融化，冷却系统是否正常。

（2）当系统发生短路故障或变压器故障跳闸后，应检查变压器系统有无爆裂、断脱、移位变形、焦味、烧伤、闪络、烟火及喷油等现象。

（3）大风天气时，检查引线摆动情况及变压器上是否挂有杂物。

（4）雷雨天气时，检查套管是否闪络，避雷器的放电记数器是否动作。

（5）大雾天气时，检查套管是否放电闪络及电晕现象，并应重点监视污秽瓷质部分有无异常。

（6）下雪天气时，应检查变压器引线接头部分，有无落雪立即融化或蒸发冒气现象，且导电部分应无冰柱。

**3. 新安装或大修后的变压器投入运行后的特殊巡视**

（1）声响应正常，应为平常的嗡嗡声。

（2）油位变化应正常。

（3）触摸散热器，温度应正常，各散热器的阀门应全部打开。

（4）油温变化应正常，变压器带负荷后，油温应缓缓上升。

（5）检查导线接头有无发热现象。

（6）检查套管有无放电打火现象。

（7）各部位应无渗漏油。

（8）冷却装置应运行良好。

（9）外壳接地应良好。

（10）有载调压装置包括现场和盘上设备应良好。

## 三、变压器的常见故障及处理方法

变压器是电力系统中最重要的设备之一，在对其使用和日常巡检中，如发现任何异常现象,应及时分析判断异常产生的原因,并迅速加以处理,从而确保变压器的正常运行。

变压器常见故障与处理方法如表 2-6 所示。

表 2-6　变压器常见故障类型、现象、产生原因及处理方法

| 故障类型 | 故障现象 | 故障原因 | 处理方法 |
|---|---|---|---|
| 绕组匝间或层间短路 | (1) 变压器异常发热<br>(2) 油温升高<br>(3) 油发出特殊的"咝咝"声<br>(4) 电源侧电流增大<br>(5) 三相绕组的直流电阻不平衡<br>(6) 高压熔断器熔断<br>(7) 气体继电器动作<br>(8) 储油柜冒黑烟 | (1) 变压器运行年久,绕组绝缘老化<br>(2) 绕组绝缘受潮<br>(3) 绕组绕制不当,使绝缘局部受损<br>(4) 油道内落入杂物,使油道堵塞,局部过热 | (1) 更换或修复所损坏绕组、衬垫和绝缘筒<br>(2) 进行浸漆和干燥处理<br>(3) 更换或修复绕组 |
| 绕组接地或相间短路 | (1) 高压熔断器熔断<br>(2) 安全气道薄膜破裂、喷油<br>(3) 气体继电器动作<br>(4) 变压器油燃烧<br>(5) 变压器振动 | (1) 绕组主绝缘老化或有破损等重大缺陷<br>(2) 变压器进水,绝缘油严重受潮<br>(3) 油面过低,露出油面的引线绝缘距离不足而击穿<br>(4) 绕组内落入杂物<br>(5) 过电压击穿绕组绝缘 | (1) 更换或修复绕组<br>(2) 更换或处理变压器油<br>(3) 检修渗漏油部位,注油至正常位置<br>(4) 清除杂物<br>(5) 更换或修复绕组绝缘,并限制过电压的幅值 |
| 绕组变形与断线 | (1) 变压器发出异常声音<br>(2) 断线相无电流指示 | (1) 制造装配不良,绕组未压紧<br>(2) 短路电流的电磁力作用<br>(3) 导线焊接不良<br>(4) 雷击造成断线<br>(5) 制造上缺陷,强度不够 | (1) 修复变形部位,必要时更换绕组<br>(2) 拧紧压圈螺钉,紧固松脱的衬垫、撑条<br>(3) 修补绝缘,并作浸漆干燥处理<br>(4) 修复改善结构,提高机械强度 |

| 故障类型 | 故障现象 | 故障原因 | 处理方法 |
|---|---|---|---|
| 铁心片间绝缘损坏 | (1) 空载损耗变大<br>(2) 铁心发热，油温升高，油色变深<br>(3) 吊出变压器器身检查，硅钢片漆膜脱落或发热<br>(4) 变压器发出异常声响 | (1) 硅钢片间绝缘老化<br>(2) 受强烈振动，片间发生位移或摩擦<br>(3) 铁心紧固件松动<br>(4) 铁心接地后发热，烧坏片间绝缘 | (1) 对绝缘损坏的硅钢片重新涂刷绝缘漆<br>(2) 紧固铁心夹件<br>(3) 按铁心接地故障处理方法 |
| 铁心多点接地或者接地不良 | (1) 高压熔断器熔断<br>(2) 铁心发热，油温升高，油色变黑<br>(3) 气体继电器动作<br>(4) 吊出器身检查，硅钢片局部烧熔 | (1) 铁心与穿心螺杆间的绝缘老化，引起铁心多点接地<br>(2) 铁心接地片断开<br>(3) 铁心接地片松动 | (1) 更换穿心螺杆与铁心间的绝缘管和绝缘衬<br>(2) 更换新接地片或将接地片压紧 |
| 套管闪烁 | (1) 高压熔断器熔断<br>(2) 套管表面有放电痕迹 | (1) 套管表面脏污<br>(2) 套管有裂纹或破损<br>(3) 套管密封不严，绝缘受损<br>(4) 套管间掉入杂物 | (1) 清除套管表面的脏污<br>(2) 更换套管<br>(3) 更换封垫<br>(4) 清除杂物 |
| 分接开关烧损 | (1) 高压熔断器熔断<br>(2) 油温升高<br>(3) 触点表面产生放电声<br>(4) 变压器油发出"咕嘟"声 | (1) 动触头弹簧压力不够，或过渡电阻损坏<br>(2) 开关配备不良，造成接触不良<br>(3) 连接螺栓松动<br>(4) 绝缘板绝缘性能变差<br>(5) 变压器油位下降，使分接开关暴露在空气中<br>(6) 分接开关位置错位 | (1) 更换或修复触头接触面，更换弹簧或过渡电阻<br>(2) 按要求重新装配并进行调整<br>(3) 紧固松动的螺栓<br>(4) 更换绝缘板<br>(5) 补注变压器油至正常油位<br>(6) 纠正错位 |

| 故障类型 | 故障现象 | 故障原因 | 处理方法 |
|---|---|---|---|
| 变压器油变劣 | 油色变暗 | （1）变压器故障引起放电造成变压器油分解 （2）变压器油长期受热氧化使油质变劣 | 对变压器油进行过滤或换新油 |

# 内 容 小 结

变压器通过铁心中的交变磁通来传递能量，通过一、二次绕组的不同匝数来实现变压。变压器中存在电路问题和磁路问题。

电压平衡方程式和磁动势平衡方程式反映了变压器的基本电磁关系，是对变压器进行分析、计算的基础。由此导出的等效电路，使变压器的分析、计算更加方便。

变压器的参数可以通过试验方法测出。励磁参数反映了变压器铁心的性能，短路参数反映了变压器输出电压的稳定性，空载损耗、短路损耗分别反映了铁损耗、铜损耗的大小。

外特性和效率特性形象地表征了变压器带负载运行时的性能，是变压器运行的两个主要技术指标。

三相变压器的联结组标号表示了一、二次绕组线电势的相位关系。通过采用不同的联结组，可以使一、二次绕组对应线电动势的相位差为30°的倍数，达到变换相位的目的。电力变压器必须按规定的联结组标号进行联结，否则将带来严重后果。

三相变压器的并联运行被广泛应用，具体应用时必须满足并联运行的条件。

仪用互感器在自动控制系统、电力系统中的应用很广泛，使用时要注意人身及设备的安全，注意测量等级、精度的合理选择和确定。

自耦变压器的特点是一、二次绕组间不仅有磁的耦合，而且还有电的直接联系，从而使得其具有节省材料、损耗小、体积小的优点。

# 思考题与习题

2-1　电力系统为什么常采用高压输电？变压器有哪些用途？

2-2　变压器是按什么原理工作的？一、二次绕组之间是否有电的直接联系？

2-3　变压器按用途可分为哪几类？按冷却方式又可分为哪几类？

2-4　变压器一般由哪些部分构成？各有何作用？

2-5　变压器的铁心为什么常采用硅钢片叠成，而不用整块钢制成？

2-6　有一台单相变压器，其额定容量 $S_N = 300$ kVA，额定电压 $U_{1N}/U_{2N} = 10$ kV/0.4 kV，求额定运行时一次绕组、二次绕组中的电流。

2-7　什么是变压器的空载运行？空载运行时各物理量的正方向是如何确定的？

2-8　什么是主磁通、漏磁通？二者所通过的路径有何不同？

2-9　变压器的主磁通大小取决于哪些因素？空载和负载时主磁通有无变化？为什么？

2-10　励磁电流的作用是什么？为什么说空载损耗近似等于铁损耗？

2-11　变压器能否变换直流电压？为什么？如果把变压器的一次绕组接到相同额定电压等级的直流电源上，会发生什么后果？

2-12　若将一台变压器一次绕组的匝数减少，其他条件不变，励磁电抗和一、二次绕组漏电抗会如何变化？空载电流会如何变化？

2-13　什么是变压器负载运行的磁动势平衡方程式？如何理解它的物理意义？

2-14　变压器绕组折算的目的是什么？按什么原则进行折算？如何将二次绕组各量折算到一次绕组？又如何将一次绕组折算到二次绕组？

2-15　采用标幺值有何优点？变压器的基值是如何选定的？

2-16　一台单相变压器，$S_N = 5000$ kVA，$U_{1N} = 35$ kV，$U_{2N} = 6.0$ kV，$f = 50$ Hz，有效面积 $A = 1120$ cm$^2$，铁心中最大磁通密度 $B_m = 1.45$ T，试求一、二次绕组的匝数和变化。

2-17　什么是变压器的外特性？它与哪些因素有关？什么是变压器的电压变化率？它与哪些因素有关？

2-18　一台三相电力变压器，$S_N = 1000$ kVA，Y，y 接法，$U_{1N}/U_{2N} = 10$ kV/0.4 kV，已知每相短路电阻 $r_k = 1.16$ Ω，短路电抗 $x_k = 4.348$ Ω，该变压器一次绕组接额定电压，二次绕组接三相对称负载运行，每相负载阻抗为 $z_L = (0.22 + j0.1)$ Ω，试计算：

(1) 变压器一、二次绕组线电流。

(2) 二次绕组线电压。

(3) 输入及输出的有功功率和无功功率。

(4) 效率。

2-19　三相组式变压器和三相心式变压器的磁路各有什么的特点？

2-20　什么是变压器的联结组？影响联结组的因素有哪些？

2-21　单相变压器中，联结组标号 I，I0 表示的含义是什么？

2-22　某三相变压器原边绕组电动势 $\dot{E}_{UV}$ 滞后副边绕组电动势 $\dot{E}_{uv}$ 30°，该变压器联结组标号是什么？

2-23　我国常用的三相变压器的联结组标号有哪几种？分别绘制出它们的联结图和相量图。

2-24　何为变压器的并联运行？并联运行有何优点？

2-25　变压器并联运行的主要条件是什么？什么条件必须严格遵守？

2-26　变压器并联运行时，容量比不得超过 3∶1，为什么？

2-27　变比不等的并联运行，会带来什么后果？短路阻抗标幺值不等的并联运行，又会带来什么后果？

2-28　两台额定电压相同，联结组标号为 Y，d11 和 D，y11 的变压器能否并联运行？

2-29　自耦变压器的结构有何特点？

2-30　自耦变压器的额定容量为什么比绕组容量大？两者之间的数量关系是什么？

# 项目三 交流电机的应用与维护

## 课题一 三相异步电动机的基本知识

◇ 学习目标

- 了解三相异步电动机的特点、用途和分类；
- 了解三相异步电动机的结构、铭牌和转差率等概念；
- 掌握定子绕组的接法。

由于现代电网普遍采用三相交流电，而三相异步电动机又比直流电动机有更好的性价比，因此三相电动机比直流电动机使用得更为广泛。在工矿企业的电气传动生产设备中，三相异步电动机是所有电动机中应用最广泛的一种。据有关资料统计，现在电网中的电能2/3 以上是由三相异步电动机消耗的，而且工业越发达，现代化程度越高，其比例也越大。

三相异步电动机与其他电动机相比较，具有结构简单、制造方便、运行可靠、价格低廉等一系列优点；还具有较高的运行效率和较好的工作特性，能满足各行各业大多数生产机械的传动要求。三相异步电动机还便于派生成各种特殊要求的形式，以适应不同生产条件的需要。

### 一、三相异步电动机的基本结构

三相异步电动机的种类很多，但各类三相异步电动机的基本结构是相同的，它们都由定子和转子这两大基本部分组成，在定子和转子之间具有一定的气隙。

**1. 定子**

三相异步电动机的定子部分包括定子铁心和定子绕组。

1）定子铁心

定子铁心是电机主磁路的一部分，由两边都涂有绝缘漆、厚度为 0.5 mm 或 0.35 mm的硅钢片冲槽叠装而成。冲了槽的硅钢片称为定子冲片。冲片叠到设计的厚度后，将它压紧固定成形以构成定子铁心，如图 3-1 所示。定子槽的形状多种多样，如图 3-2(a)所示的半闭口槽常用于小型电机，线圈由圆形截面的导体绕成，逐匝地嵌入槽中；如图 3-2(b)所示的半开口槽常用于中型电机；如图 3-2(c)所示的开口槽多用于大型电机，线圈为预制好的成形元件,整体地嵌入槽中。

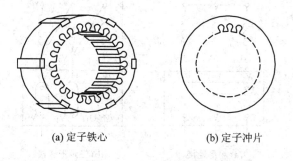

(a) 定子铁心        (b) 定子冲片

图 3-1　定子铁心及冲片示意图

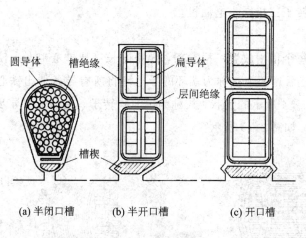

(a) 半闭口槽    (b) 半开口槽    (c) 开口槽

图 3-2　定子槽形

2) 定子绕组

定子绕组构成了三相异步电动机的电路部分,定子绕组为三相对称交流绕组,当通入三相对称交流电流时,就会产生旋转磁场。三相绕组由三个彼此独立的绕组组成,且每个绕组又由若干线圈连接而成。每个绕组即为一相,每个绕组在空间相差120°电角度。线圈由绝缘铜导线或绝缘铝导线绕制。中、小型三相电动机多采用圆漆包线,大、中型三相电动机的定子线圈则用较大截面的绝缘扁铜线或扁铝线绕制后,再按一定规律嵌入定子铁心槽内。定子三相绕组的6个出线端都引至接线盒上,首端分别标为 $U_1$,$V_1$,$W_1$,末端分别标为 $U_2$,$V_2$,$W_2$。这6个出线端在接线盒里的排列如图3-3所示,根据要求可以接成星形或三角形。

**2. 转子**

三相异步电动机的转子也是由转子铁心和转子绕组构成。与定子铁心相同,转子铁心也是主磁路的一部分,同样是由两边都涂有绝缘漆、厚度为0.5 mm或0.35 mm的硅钢片叠装而成。转子冲片外圆冲有许多均匀分布的槽,槽中嵌有转子绕组。

三相异步电动机的转子绕组分为鼠笼式转子和绕线式转子两种,由此分为鼠笼型三相

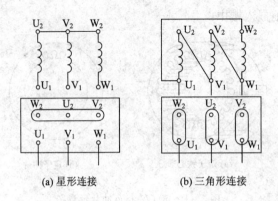

(a) 星形连接      (b) 三角形连接

图 3-3　定子绕组的连接

异步电动机和绕线转子三相异步电动机。

1）鼠笼式转子

在转子铁心的每个槽中放置一根导条，导条的长度比铁心略长，使导条能在铁心的两端都伸出一小段。然后用两个被称为端环的导电环将所有导条伸出铁心两端的部分都焊接在一起，形成如图 3-4 所示的笼状，故称为鼠笼式转子。在中小型异步电动机中转子绕组大多采用铸铝转子，如图 3-5 所示。

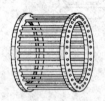 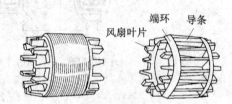

图 3-4　铜排构成的鼠笼式转子      图 3-5　铸铝构成的鼠笼式转子

2）绕线式转子

绕线转子异步电动机的转子绕组是与定子绕组具有相同极数的三相对称绕组。将三相绕组接成 Y 形后，将其 3 个引出线分别接到装在同一轴上的 3 个滑环上，并由三相电刷分别与 3 个滑环相接触，如图 3-6 所示。通过电刷可以接通外部的变阻器，以改变转子的阻

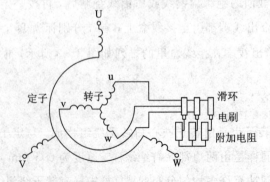

图 3-6　绕线转子异步电动机转子绕组接线示意图

抗来调节电动机的运行状态和特性。在电动机不需要接外部的阻抗时，可用提刷装置将电刷提起，以减少摩擦损耗以及电刷的磨损。与此同时，将导电杆插入 3 个滑环之中使三个滑环短接起来。其结构图如图 3 - 7 所示。

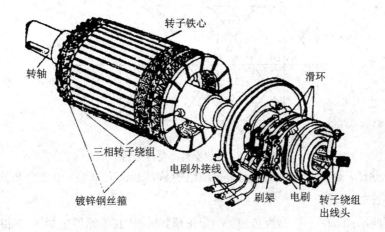

图 3 - 7　绕线转子异步电动机转子绕组结构示意图

### 3. 气隙

三相异步电动机定子和转子之间的气隙很小，一般只有 0.2~2 mm。气隙的大小，对三相异步电动机的运行性能影响很大。气隙大，由电网供给的励磁电流大，则功率因数低，为了提高电动机的功率因数，气隙应尽可能小。如果把三相异步电动机看成变压器，显然，气隙愈小则定子和转子之间的相互感应（即耦合）作用就愈好。因此应尽量让气隙小些。但也不能太小，否则会使加工和装配困难，运转时定子、转子之间易发生摩擦或碰撞。

## 二、三相异步电动机的工作原理

### 1. 旋转磁场

三相异步电动机转子之所以会旋转、实现能量转换，是因为转子气隙内有一个旋转磁场。下面来讨论旋转磁场的产生。

如图 3 - 8 所示，$U_1 U_2$，$V_1 V_2$，$W_1 W_2$ 为三相定子绕组，在空间彼此相隔 120°，接成 Y 形。

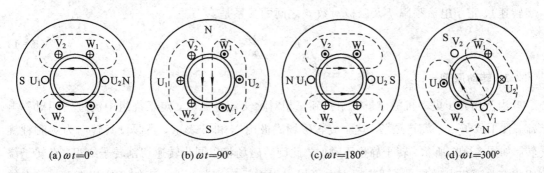

图 3 - 8　两极旋转磁场示意图

三相绕组的首端 $U_1$，$V_1$，$W_1$ 接在三相对称电源上，有三相对称电流通过三相绕组。设电源的相序为 U，V，W，$i_U$ 的初相角为零，波形图如图 3-9 所示。

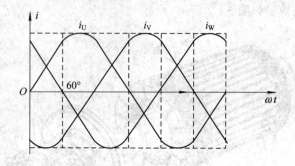

图 3-9　三相交流电流波形图

为了分析方便，假设电流为正值时，在绕组中从首端流向末端，电流为负值时，在绕组中从末端流向首端。

当 $\omega t = 0°$ 的瞬间，$i_U = 0$，$i_V$ 为负值，$i_W$ 为正值，根据"右手螺旋定则"，三相电流所产生的磁场叠加的结果，便形成一个合成磁场，如图 3-8(a)所示，可见此时的合成磁场是一对磁极(即二极)，右边是 N 极，左边是 S 极。

当 $\omega t = 90°$ 时，即经过 1/4 周期后，$i_U$ 由零变成正的最大值，$i_V$ 仍为负值，$i_W$ 已变成负值，如图 3-8(b)所示，这时合成磁场的方位与 $\omega t = 0°$ 时相比，已按逆时针方向旋转了 90°。

用同样的方法，可以得出如下结论：当 $\omega t = 180°$ 时，合成磁场就旋转了 180°，如图 3-8(c)所示；当 $\omega t = 300°$ 时合成磁场方向旋转了 300°，如图 3-8(d)所示；当 $\omega t = 360°$ 时合成磁场旋转了 360°，即旋转 1 周。

由此可见，对称三相电流 $i_U$，$i_V$，$i_W$ 分别通入到对称三相绕组 $U_1U_2$，$V_1V_2$，$W_1W_2$ 中所形成的合成磁场，是一个随时间变化的旋转磁场。

以上分析的是电动机产生一对磁极时的情况，当定子绕组连接形成的是两对磁极时，运用相同的方法可以分析出此时电流变化一个周期，磁场只旋转了半圈，即转速减慢了一半。

由此类推，当旋转磁场具有 $p$ 对磁极时(即磁极数为 $2p$)，交流电每变化一个周期，其旋转磁场就在空间旋转 $1/p$ 转。因此，三相电动机定子旋转磁场每分钟的转速 $n_1$(又称同步转速)、定子电流频率 $f$ 及磁极对数 $p$ 之间的关系是：

$$n_1 = \frac{60f}{p} \qquad\qquad (3-1)$$

**2. 转动原理**

当三相异步电动机的定子绕组接到三相对称交流电源时，定子绕组中流过三相对称电流，便形成了一个旋转磁场。这个旋转磁场磁极用 N 和 S 表示，且假设其转向为顺时针旋转，如图 3-10 所示。转子静止不动时，此旋转磁场将以同步转速切割转子绕组，在转子绕组中产生感应电动势，电动势的方向可以根据右手定则判断。由于转子绕组短路，故在转子绕组中将产生电流，载流导体在磁场中将受到电磁力作用。电磁力 $f$ 的方向由左手定则判断。电磁力 $f$ 作用于转子导体，对转轴形成电磁转矩，使转子按照旋转磁场的方向旋转起来。

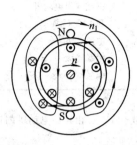

图 3-10　三相异步电动机的转动原理

转子的转速 $n$ 也不可能达到同步转速 $n_1$，因为如果转子与磁场同步旋转，转子导体与磁场的相对转速为零，感应电动势等于零，电流、电磁转矩均等于零。因此，三相异步电动机稳定运行时，其转速与磁场的同步转速之间必须存在一定的转速差，因此被称为异步电动机。又由于其转子电流是靠电磁感应产生的，故又称为感应电动机。

**3. 转差率**

同步转速 $n_1$ 与转子的转速 $n$ 之差与同步转速 $n_1$ 之比，称为三相异步电动机的转差率 $s$，即

$$s = \frac{n_1 - n}{n_1} \qquad (3-2)$$

转差率是三相异步电动机的一个基本参数，对分析和计算三相异步电动机的运行状态及其机械特性有着重要的意义。当三相异步电动机处于电动状态运行时，电磁转矩 $T_{em}$ 和转速 $n$ 同方向。转子尚未转动时，$n=0$，$s=\frac{n_1-n}{n_1}=1$；当 $n=n_1$ 时，$s=\frac{n_1-n}{n_1}=0$，可知三相异步电动机处于电动状态时，转差率的变化范围总在 0 和 1 之间，即 $0<s<1$。一般情况下，额定运行时 $s_N = 1\%\sim5\%$。

**例 3-1**　一台 Y2-160M-4 型三相异步电动机，额定转速 $n_N = 1460$ r/min，求该电机的额定转差率。

**解：**

$$n_1 = \frac{60f}{p} = \frac{60 \times 50}{2} = 1500 \text{ r/min}$$

$$s_N = \frac{n_1 - n_N}{n_1} = \frac{1500 - 1460}{1500} = 0.0267$$

## 三、三相异步电动机的铭牌和主要系列

**1. 铭牌**

在三相异步电动机的外壳上，固定有一牌子，称为铭牌。铭牌上注明这台三相异步电动机的主要技术数据，是选择、安装、使用和修理（包括重绕绕组）三相异步电动机的重要

依据，如图 3-11 所示。

| 三相异步电动机 | | |
|---|---|---|
| 型号 Y112M—2 | 功率 4 kW | 频率 50 Hz |
| 电压 380 V | 电流 8.2 A | 接法 △ |
| 转速 2890 r/min | 绝缘等级 B | 工作方式 连续 |
| ××年××月 | 编号 ×××× | ××电机厂 |

图 3-11 三相异步电动机的铭牌

1）型号

三相异步电动机型号的表示方法与其它电动机一样，一般由大写字母和数字组成，可以表示电动机的种类、规格和用途等。

例如，Y112M—2 的"Y"为产品代号，代表 Y 系列三相异步电动机；"112"代表机座中心高为 112 mm；"M"为机座长度代号（S、M、L 分别表示短、中、长机座）；"2"代表磁极数为 2，即两个磁极。

2）额定值

额定值规定了三相异步电动机正常运行的状态和条件，它是选用、安装和维修三相异步电动机的依据。三相异步电动机铭牌上标注的额定值主要有：

（1）额定功率 $P_N$：指三相异步电动机额定运行时轴上输出的机械功率，单位为 kW。

（2）额定电压 $U_N$：指三相异步电动机额定运行时加在定子绕组出线端的线电压，单位为 V。

（3）额定电流 $I_N$：指三相异步电动机在额定电压下使用，轴上输出额定功率时，定子绕组中的线电流，单位为 A。

对三相异步电动机，额定功率与其它额定数据之间有如下关系：

$$P_N = \sqrt{3}U_N I_N \cos\varphi_N \eta_N \tag{3-3}$$

式中：$\cos\varphi_N$——额定功率因数；

$\eta_N$——额定效率。

（4）额定频率 $f_N$：指三相异步电动机所接的交流电源的频率，我国电网的频率（即工频）规定为 50 Hz。

（5）额定转速 $n_N$：指三相异步电动机在额定电压、额定频率及额定功率下转子的转速，单位为 r/min。

此外，铭牌上还标明绕组的接法、绝缘等级及工作方式等。对于绕线转子异步电动机，还标明转子绕组的额定电压（指定子绕组加额定频率的额定电压而转子绕组开路时集电环间的电压）和额定电流，以作为配用起动变阻器的依据。

**2. 三相异步电动机的主要系列**

同一系列的电机，其结构、形状基本相似，零部件通用性很高，而且随功率按一定的比例递增。由于电机产品的系列化，使产品便于管理、设计、制造和使用。常用 Y 系列三相异步电动机的型号、名称、使用特点和场合如表 3-1 所示。

表 3-1 常用 Y 系列三相异步电动机的型号、名称、使用特点和场合

| 型号 | 名称 | 使用特点和场合 |
|---|---|---|
| Y<br>(IP44)<br>Y<br>(IP23) | （封闭式）<br>小型三相异步<br>电动机<br>（防护式） | 为一般用途三相笼型异步电动机，可用于起动性能、调速性能及转差率无特殊要求的机械设备，如金属切削、机床、水泵、运输机械、农用机械<br><br>IP44——封闭式，能防止灰尘、水滴大量地进入电动机内部，适用于灰尘多、水土飞溅的场合<br><br>IP23——防护式，能防止水滴或其他杂物从垂直线成 60°角的范围内，落入电动机内部，适用于周围环境比较干净、防护要求较低的场合 |
| YX | 高效率三相<br>异步电动机 | 电动机效率指标较基本系列平均提高 3%，适用于运行时间较长，负载率较高的场合，可较大幅度地节约电能 |
| YD | 变极多速三相<br>异步电动机 | 电动机的转速可逐级调节，有双速、三速和四速三种类型，调节方法比较简单，适用于不要求平滑调速的升降机、车床切削等 |
| YH | 高转差率三相<br>异步电动机 | 较高的起动转矩，较小的起动电流，转差率高机械特性软。适用于具有冲击性负载起动及逆转较频繁的机械设备，如剪床、冲床、锻冶机械等 |
| YB | 隔爆型三相<br>异步电动机 | 电动机外壳结构有隔爆措施，可用于燃性气体（如瓦斯和煤尘）或蒸气与空气形成的爆炸混合物的化工、煤矿等易燃易爆场所 |
| YCT | 电磁调速三相<br>异步电动机 | 由普通笼型电动机、电磁转差离合器组成，用晶闸管可控直流进行无级调速，具有结构简单、控制功率小，调速范围较广等特点，转速变化率精度小于 3%，适用于纺织、化工、造纸、水泥等恒转矩和通风机型负载 |
| YR<br>(IP44) | （封闭式）<br>绕线转子三相异步<br>电动机 | 能在转子回路中串入电阻，减小起动电流，增大起动转矩，并能进行调速，适用于对起动转矩要求高及需要小范围调速的传动装置上 |
| YR<br>(IP23) | 三相异步电动机<br>（防护式） | IP44 与 IP23 的适用情况见表格前述 |
| YZ<br>YZR | 起重冶金<br>三相异步电动机 | 适用于冶金辅助设备及启重机电力传动用的动力设备，电动机为断续工作制，基准工作制为 $S_3$、40%。YZ、YZR 分别是笼型和绕线转子型 |

# 实训 三相异步电动机三相绕组头尾的判断

## 一、任务目标

掌握三相异步电动机三相绕组头尾的判断方法。

## 二、实训设备

实训设备如表 3-2 所示。

表 3 - 2 设 备 材 料 表

| 序号 | 型号 | 名　称 | 数　量 |
|------|------|--------|--------|
| 1 | DJ16 | 三相笼型异步电动机 | 1件 |
| 2 | D33 | 交流电压表 | 1件 |
| 3 |  | 万用表 | 1件 |
| 4 |  | 灯泡 | 1件 |

## 三、实训内容和步骤

**1. 认识实验台**

认识 DDSZ－1 型电机及电气技术实验装置各面板布置及使用方法，了解电机实训的基本要求，安全操作和注意事项。

**2. 万用表法判定三相异步电动机三相绕组的头尾**

（1）将万用表的转换开关放在欧姆档上，利用万用表分出每相绕组的两个出线端。

（2）将万用表的转换开关转到直流毫安档上，按图 3－12 接线。用手转动电动机的转子，如果万用表指针不动，则说明并接点同为三相绕组的首端和尾端，如图 3－12(a)所示。如果万用表指针动了，说明有一相绕组的头尾接反了，如图 3－12(b)所示，应一相一相分别对调后重新试验，直到万用表指针不动为止。

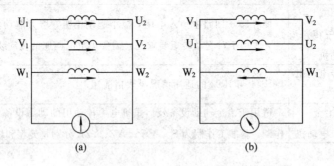

图 3－12　万用表法区分绕组头尾接线图

**3. 绕组串联法判定电动机三相绕组的头尾**

（1）将万用表的转换开关放在欧姆档上，利用万用表分出每相绕组的两个出线端。

（2）按图 3－13 接线。将一相绕组接通 36 V 交流电，另外两相绕组串联起来接上灯泡，如果灯泡发亮，说明相连两相绕组是头尾相连。如果灯泡不亮，则说明相连两相绕组不是头尾相连。这样，这两相绕组的头尾便确定了。然后，用同样的方法确定第三相绕组的头尾。

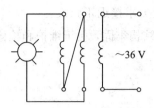

图 3-13　绕组串联法区分绕组头尾接线图

## 四、注意事项

万用表的正确使用方法。

# 课题二　交流绕组的基本知识

## ◇ 学习目标

- 理解交流绕组基本术语的意义；
- 了解交流绕组展开图的绘制方法。

交流电机中的电枢或定子绕组，简称交流绕组，它是电机进行能量交换的重要部件。交流绕组与主磁通相对运动感应产生电动势，交流电流流过交流绕组会产生磁动势。电动势和磁动势的大小和波形都与绕组结构形式密切相关。

## 一、交流绕组的类型和基本要求

### 1. 交流绕组的类型

交流绕组的种类很多。按槽内线圈边的层次分，有单层绕组、双层绕组、单双层绕组；按相数分，有单相绕组、三相绕组、多相绕组；按线圈形状和端部连接方式分，有叠绕组、波绕组以及等元件式绕组、同心式绕组、链式绕组、交叉式绕组；按每极每相所占有的槽数分，有整数槽绕组和分数槽绕组等。交流绕组的种类虽多，但其构成原则是一致的。

单层绕组一般用作小型异步电动机的定子绕组。双层叠绕组一般用作汽轮发电机、大中型异步电动机及部分水轮发电机的定子绕组。双层波绕组一般用作水轮发电机的定子绕组和绕线转子异步电动机的转子绕组。

### 2. 交流绕组的构成原则

（1）三相绕组对称（三相绕组完全一致，三相绕组轴线在电机空间彼此错开 $120°$ 电角度），以保证三相电动势对称。

（2）绕组通入电流后，必须形成规定的磁极对数，这由正确的连线来确定。

（3）在一定的导体下，力求获得尽可能大的电动势和磁动势。

（4）电动势和磁动势的波形力求接近正弦波。

（5）用铜量少，工艺简单，结构牢固，便于维护和检修。

## 二、交流绕组的基本概念

### 1. 线圈

组成交流绕组的单元是线圈。它有两个引出线，一个叫首端，另一个叫末端。在简化实际线圈的描述时，可用一匝线圈来等效多匝线圈。其中，铁心槽内的直线部分称为有效边，槽外部分称为端部，如图 3-14 所示。

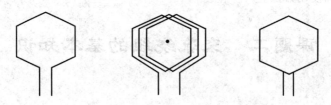

图 3-14　交流绕组线圈

### 2. 电角度与机械角度

电动机圆周在几何上分成 360°，这个角度称为机械角度。从电磁观点来看，若磁场在空间按正弦波分布，则经过 N、S 一对磁极恰好相当于正弦曲线的一个周期。如有导体去切割这种磁场，经过 N、S 一对磁极，导体中所感应产生的正弦电动势的变化也为一个周期，变化一个周期即经过 360° 电角度，因而一对磁极占有的空间是 360° 电角度。若电动机有 $p$ 对磁极，电动机圆周期按电角度计算就为 $p \times 360°$，而机械角度总是 360°，因此电角度＝$p \times$ 机械角度。

### 3. 绕组及绕组展开图

绕组是由多个线圈按一定方式连接起来构成的。表示绕组的连接规律一般用绕组展开图，即设想把定子(或转子)沿轴向展开、拉平，将绕组的连接关系画在平面上。

### 4. 极距 $\tau$

每个磁极沿定子铁心内圆所占的范围称为极距。极距 $\tau$ 常用磁极所占槽数表示：

$$\tau = \frac{z_1}{2p} \qquad (3-4)$$

式中：$z_1$——定子铁心槽数。

### 5. 节距 $y$

一个线圈的两个有效边所跨定子内圆上的距离称为节距。一般节距 $y$ 用槽数表示。当 $y = \tau$ 时，称为整距绕组；当 $y < \tau$ 时，称为短距绕组；当 $y > \tau$ 时，称为长距绕组。长距绕组端部较长，费铜料，故较少采用。

**6. 槽距角 α**

相邻两槽之间的电角度称为槽距角，槽距角 α 用下式表示：

$$\alpha = \frac{p \times 360°}{z_1} \qquad (3-5)$$

槽距角 α 的大小即表示了两相邻槽的空间电角度，也反映了两相邻槽中导体感应电动势的相位差。

**7. 每极每相槽数 q**

每一个磁极下每一相绕组所占的槽数，以 q 表示：

$$q = \frac{z_1}{2m_1 p} \qquad (3-6)$$

式中：$m_1$——定子绕组的相数。

**8. 相带**

每相绕组在一个磁极下所连续占有的宽度（用电角度表示）称为相带。在异步电动机中，一般将每相所占有的槽数均匀地分布在每个磁极下，因为每个磁极占有的电角度是 180°，对三相绕组而言，每相占有的电角度是 60°，故又称 60°相带。由于三相绕组在空间彼此相距 120°电角度，所以相带的划分沿定子内圆排列应依次为 $U_1$、$W_2$、$V_1$、$U_2$、$W_1$、$V_2$，如图 3-15 所示。只要掌握了相带的划分和线圈的节距，就可以掌握绕组的排列规律。

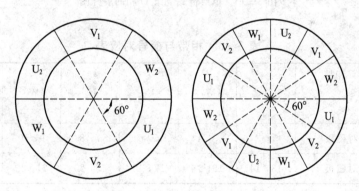

图 3-15  60°相带三相绕组

## 三、三相单层绕组

单层绕组的每个槽内只放置一个线圈边，所以电动机的线圈总数等于定子槽数的一半。单层绕组分为链式绕组、交叉式绕组和同心式绕组。

**1. 单层链式绕组**

单层链式绕组是由几个几何尺寸和节距都相同的线圈连接而成。

**例 3-2**  有一台极数 $2p=4$，槽数 $z_1=24$ 的三相单层链式绕组电动机，说明单层链式绕组的构成原理并绘出绕组展开图。

**解**：（1）计算参数

$$\tau = \frac{z_1}{2p} = \frac{24}{4} = 6$$

$$q = \frac{z_1}{2m_1 p} = \frac{24}{2 \times 3 \times 2} = 2$$

$$\alpha = \frac{p \times 360°}{z_1} = \frac{2 \times 360°}{24} = 30°$$

（2）分相：在如图 3-16 所示的平面上画 24 条垂直线表示定子 24 个槽和槽中的线圈边，并且按 1，2，…顺序编号。据 60°相带的排列次序，即 $q=2$，相邻 2 个槽组成一个相带，两对磁极共有 12 个相带。每对磁极按 $U_1$、$W_2$、$V_1$、$U_2$、$W_1$、$V_2$ 的顺序给相带命名，如表 3-3 所示。

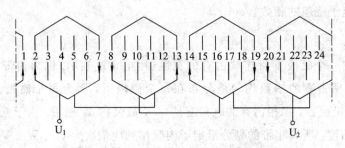

图 3-16　单层链式绕组 U 相的展开图

**表 3-3　相带与槽号对应表**

| 槽号 ＼ 相带 | $U_1$ | $W_2$ | $V_1$ | $U_2$ | $W_1$ | $V_2$ |
|---|---|---|---|---|---|---|
| 第一对磁极 | 1，2 | 3，4 | 5，6 | 7，8 | 9，10 | 11，12 |
| 第二对磁极 | 13，14 | 15，16 | 17，18 | 19，20 | 21，22 | 23，24 |

由表 3-3 可知，划分相带实际上是给定子上每个槽划分相属。

以 U 相为例，将各线圈边按照 $y = \tau - 1$ 的规律连接起来组成线圈，可以把 2 号与 7 号槽，8 号与 13 号槽，14 号与 19 号槽，20 号与 1 号槽中的线圈边也都分别构成线圈，这样 U 相绕组就有 4 个线圈，把它们依次串联起来，就构成了一相绕组，其展开图如图 3-16 所示。

同样，可根据对称原则画出 V、W 相绕组展开图。

**2. 单层交叉式绕组**

单层交叉式绕组的特点是，线圈个数和节距都不相等，但同一组线圈的形状、几何尺寸和节距都相同，各线圈组的端部互相交叉。

**例 3 - 3**  一台三相交流电动机，$z_1 = 36$，$2p = 4$，试绘出三相单层交叉式绕组展开图。

**解**：（1）计算参数

$$\tau = \frac{z_1}{2p} = \frac{36}{4} = 9$$

$$q = \frac{z_1}{2m_1 p} = \frac{36}{2 \times 3 \times 2} = 3$$

$$\alpha = \frac{p \times 360°}{z_1} = \frac{2 \times 360°}{36} = 20°$$

（2）分相：由 $q = 3$，按相带顺序列表，如表 3 - 4 所示。

**表 3 - 4  相带与槽号对应表**

| 槽号 \ 相带 | $U_1$ | $W_2$ | $V_1$ | $U_2$ | $W_1$ | $V_2$ |
|---|---|---|---|---|---|---|
| 第一对磁极 | 1，2，3 | 4，5，6 | 7，8，9 | 10，11，12 | 13，14，15 | 16，17，18 |
| 第二对磁极 | 19，20，21 | 22，23，24 | 25，26，27 | 28，29，30 | 31，32，33 | 34，35，36 |

以 U 相为例，把 U 相所属的每个相带内的槽导体分成两部分，一部分是把 2 号与 10 号槽、3 号与 11 号槽内导体相连，形成两个节距 $y = \tau - 1 = 8$ 的"大线圈"，并串联成一组；另一部分是把 1 号与 30 号槽内导体有效边相连，组成另一个节距 $y = \tau - 2 = 7$ 的"小线圈"。同样将第二对极下的 20 号与 28 号槽、21 号与 29 号槽内导体组成 $y = 8$ 的线圈组，19 号与 12 号槽组成 $y = 7$ 的线圈，然后把这 4 组线圈按"头接头，尾接尾"的规律相连，即得 U 相交叉绕组，其展开图如图 3 - 17 所示。

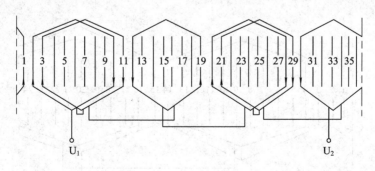

图 3 - 17  单层交叉式绕组 U 相的展开图

同样，可根据对称原则画出 V、W 相绕组展开图。

可见，这种绕组由两组大小线圈交叉布置，故称交叉式绕组。交叉式绕组的端部连线较短，节约大量原材料，因此广泛应用于 $q$ 为奇数的小型三相异步电动机中。

**3. 单层同心式绕组**

单层同心式绕组是由几个几何尺寸和节距不等的线圈连成同心形状的线圈组构成。

**例 3 - 4** 一台三相交流电动机，$z_1 = 24$，$2p = 2$，试绘出三相单层同心式绕组展开图。

**解**：(1) 计算参数

$$\tau = \frac{z_1}{2p} = \frac{24}{2} = 12$$

$$q = \frac{z_1}{2m_1 p} = \frac{24}{2 \times 3 \times 1} = 4$$

$$\alpha = \frac{p \times 360^\circ}{z_1} = \frac{1 \times 360^\circ}{24} = 15^\circ$$

(2) 分相：由 $q = 4$，按相带顺序列表，如表 3 - 5 所示。

**表 3 - 5　相带与槽号对应表**

| 相带<br>槽号 | $U_1$ | $W_2$ | $V_1$ | $U_2$ | $W_1$ | $V_2$ |
|---|---|---|---|---|---|---|
| 一对磁极 | 1, 2<br>3, 4 | 5, 6<br>7, 8 | 9, 10<br>11, 12 | 13, 14<br>15, 16 | 17, 18<br>19, 20 | 21, 22<br>23, 24 |

以 U 相为例，把 U 相所属的每个相带内的槽导体分成两部分，把 3 号与 14 号槽内导体的有效边连成一个节距 $y = 11$ 的线圈，4 号与 13 号槽内导体连成一个节距 $y = 9$ 的线圈，再把这两个线圈组成一组同心式线圈，同样，把 2 号与 15 号槽内导体、1 号与 16 号槽内导体构成另一个同心式线圈。两组同心式线圈再按"头接头，尾接尾"的规律相连，得 U 相同心式线圈的展开图如图 3 - 18 所示。

用同样的方法，可以得到另外两相绕组的连接规律。

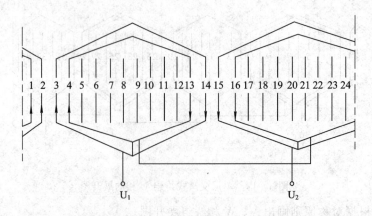

图 3 - 18　单层同心式绕组 U 相的展开图

单层绕组的优点是每槽只有一个线圈边，嵌线方便，槽利用率高，而且链式或交叉式绕组的线圈端部也较短，可以省铜材料。但是从电磁观点来看，其等效节距仍然是整距的，不可能用绕组的短距来改善感应电动势及磁场的波形。因而其电磁性能较差，一般只能适用于中心高 160 mm 以下的小型异步电动机。

## 四、三相双层绕组

双层绕组是铁心的每个线槽中分上、下两层嵌放两条线圈边的绕组。为了使各线圈分布对称，安排嵌线时一般某个线圈的一条边如在上层，另一条则一定在下层。整台电机的线圈数等于定子总槽数。双层绕组的所有线圈尺寸相同，便于绕制；端接部分形状相同，便于排列，有利于散热；采用短距绕组，可改善电动势或磁动势波形，使电动机工作性能得到改善，其技术性能优于单层绕组。目前 10 kW 以上的电动机，几乎都采用双层短距叠绕组。

**例 3 - 5** 一台三相交流电动机，$z_1 = 24$，$2p = 4$，节距 $y = \dfrac{5}{6}\tau$，试绘出三相双层叠绕组展开图。

**解**：(1) 计算参数

$$\tau = \frac{z_1}{2p} = \frac{24}{4} = 6$$

$$q = \frac{z_1}{2m_1 p} = \frac{24}{2 \times 3 \times 2} = 2$$

$$\alpha = \frac{p \times 360°}{z_1} = \frac{2 \times 360°}{24} = 30°$$

$$y = \frac{5}{6}\tau = 5$$

(2) 分相：画 24 对虚实线代表 24 对有效边（实线代表上层边，虚线代表下层边）并按顺序编号，如图 3 - 19 所示；由 $q = 2$，按相带顺序列表，如表 3 - 6 所示。

表 3 - 6　相带与槽号对应表

| 相带<br>槽号<br>极对数 | | $U_1$ | $W_2$ | $V_1$ | $U_2$ | $W_1$ | $V_2$ |
|---|---|---|---|---|---|---|---|
| 第一对磁极 | 上层边 | 1, 2 | 3, 4 | 5, 6 | 7, 8 | 9, 10 | 11, 12 |
| | 下层边 | 6′, 7′ | 8′, 9′ | 10′, 11′ | 12′, 13′ | 14′, 15′ | 16′, 17′ |
| 第二对磁极 | 上层边 | 13, 14 | 15, 16 | 17, 18 | 19, 20 | 21, 22 | 23, 24 |
| | 下层边 | 18′, 19′ | 20′, 21′ | 22′, 23′ | 24′, 1′ | 2′, 3′ | 4′, 5′ |

需要指出的是，对于双层绕组，每槽的上下层线圈边可能属于同一相的两个不同线圈，也可能属于不同相的，所以表 3 - 6 所给出的相带划分并非表示每个槽的相属，而是每个槽的上层边相属关系，即划分的相带是对上层边而言。例如，13 号槽是属于 $U_1$ 相带的，仅表示 13 号槽上层边，对应的下层边放在哪一个槽的下层，则由节距 $y$ 来决定。

（3）画绕组展开图。先画 U 相绕组，如图 3-19 所示。从 1、2 号槽的上层边（用实线表示）开始，根据 $y=5$ 槽，可知组成对应线圈的另一边分别在 6，7 号槽的下层（用虚线表示）。同理，由 7，8 号槽的上层边与对应的下层边在 12，13 号槽的下层；13，14 号槽的上层边与对应的下层边在 18、19 号槽的下层；19，20 号槽的上层边对应的下层边在 24、1 号槽的下层。构成 U 相绕组的 8 个线圈可并可串，若每相并联支路数为 1，把这 4 组线圈按"头接头，尾接尾"的规律相连，即得 U 相交叉绕组，其展开图如图 3-19 所示。

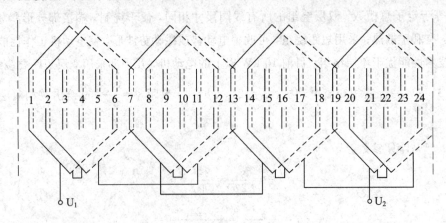

图 3-19 双层叠绕组 U 相的展开图

<h1 style="text-align:center">课题三 三相异步电动机的运行</h1>

## ◆ 学习目标

- 了解三相异步电动机运行时的电磁关系；
- 了解三相异步电动机运行时的基本方程式；
- 理解三相异步电动机的 T 形等效电路；
- 了解三相异步电动机的工作特性。

　　通过对三相异步电动机基本知识的学习，我们知道转差率是三相异步电动机的一个重要物理量，它的大小反映了电动机负载的大小，它的存在是三相异步电动机旋转的必要条件。从电磁感应本质上看，三相异步电动机与变压器极为相似。因此可采用研究变压器的方法来分析三相异步电动机。三相异步电动机和变压器具有相同的等效电路形式，但两者之间存在显著的差异，在学习过程中要注意它们之间的区别。为求出三相异步电动机的等效电路，除对转子绕组进行折算外，还须对转子频率进行折算。频率折算的实质就是用转子静止的三相异步电动机去代替转子旋转的三相异步电动机。

## 一、三相异步电动机运行时的电磁关系

### 1. 气隙旋转磁动势

当三相异步电动机定子绕组接到对称三相电源时，定子绕组中就通过三相交流电流，三相交流电流将在气隙里产生按正弦规律分布，并以同步转速 $n_1$ 旋转的定子旋转磁动势；负载时，转子电流也会产生转子旋转磁动势，它的磁极对数与定子的磁极对数始终是相同的。

气隙旋转磁动势由定子旋转磁动势和转子旋转磁动势合成。无论是同步电动机还是异步电动机，定子旋转磁动势和转子旋转磁动势都是相对静止的，这也是旋转电机稳定运行的必要条件。对于异步电动机稳态而言，假设定子旋转磁动势转速方向为参考方向，定子旋转磁动势相对于定子的转速为

$$n_1 = \frac{60 f_1}{p} \tag{3-7}$$

式中：$f_1$——定子回路频率。

转子旋转磁动势相对于定子的转速 $n_2$ 等于转子旋转磁动势相对于转子的转速 $\Delta n_2$ 加上转子转速，即

$$n_2 = \Delta n_2 + n \tag{3-8}$$

转子旋转磁动势相对于转子的转速与转子电流频率和极对数有关，其方向与切割方向一致，即

$$\Delta n_2 = \frac{60 f_2}{p} \tag{3-9}$$

转子电流频率与切割转速和极对数有关。旋转磁场切割转子导条转速等于定子旋转磁动势转速减转子转速，即

$$f_2 = \frac{p(n_1 - n)}{60} = \frac{p \, \Delta n}{60} \tag{3-10}$$

式中：$f_2$——转子回路频率。

把式(3-10)代入式(3-9)并代入式(3-8)可得

$$n_2 = \Delta n_2 + n = n_1 \tag{3-11}$$

从式(3-11)可知，稳定运行时，定子旋转磁动势转速与转子旋转磁动势转速相等，这里的相等不仅大小相等，方向也相同，因此定子旋转磁动势与转子旋转磁动势相对静止，其合成磁动势为气隙旋转磁动势。

气隙旋转磁动势同时在定子绕组和转子绕组的磁路中产生磁通，称为主磁通，用 $\dot{\Phi}$ 表示。定子绕组磁路中磁通 $\dot{\Phi}_1$ 除了主磁通 $\dot{\Phi}$ 外还有定子旋转磁动势仅仅在定子绕组磁路部分产生的磁通，称为定子绕组漏磁通，用 $\dot{\Phi}_{1\sigma}$ 表示。转子绕组磁路中的磁通 $\dot{\Phi}_2$ 除了主磁通 $\dot{\Phi}$ 外，还包括转子旋转磁动势仅仅在转子绕组磁路部分产生的磁通，称为转子绕组漏磁通，用 $\dot{\Phi}_{2\sigma}$ 表示。

**2. 电压平衡方程式**

三相异步电动机转子静止时，三相异步电动机内部的电磁关系与变压器非常相似，定子绕组相当于变压器一次绕组，转子相当于二次绕组。定子和转子通过主磁通耦合起来，进行能量传递。不同之处主要是变压器主磁通不是运动的，而三相异步电动机主磁通是运动的。三相异步电动机转子静止发生在两种情况下，一种是电动机刚接通电源瞬间，另一种是运行中过载或低电压引起转子停转，也称为堵转。取定子一相回路和转子对应的一个闭合回路，转子静止时，定、转子回路等效电路如图 3 - 20 所示。

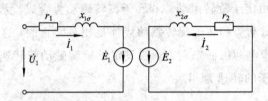

图 3 - 20  转子静止时定、转子回路等效电路

气隙中主磁通在定子绕组和转子绕组分别感应出定子电动势 $\dot{E}_1$ 和转子电动势 $\dot{E}_2$，两者电动势频率都是 $f_1$，因此两者回路频率也都是 $f_1$。根据变压器情况，定子漏磁通变化对应的定子漏电动势 $\dot{E}_{1\sigma}$ 仅与定子电流 $\dot{I}_1$ 有关，转子漏磁通变化对应的转子漏电动势 $\dot{E}_{2\sigma}$ 仅与转子电流 $\dot{I}_2$ 有关。即

$$\dot{E}_{1\sigma} = -j\dot{I}_1 x_{1\sigma} \tag{3-12}$$

$$\dot{E}_{2\sigma} = -j\dot{I}_2 x_{2\sigma} \tag{3-13}$$

式中：$x_{1\sigma}$——定子绕组漏电抗；

$x_{2\sigma}$——转子绕组静止漏电抗。

当三相异步电动机转子转动时，定子回路频率 $f_1$ 与转子回路频率 $f_2$ 的关系为

$$f_2 = \frac{p(n_1 - n)}{60} = \frac{p\Delta n}{60} = \frac{n_1 - n}{n_1} \cdot \frac{pn_1}{60} = sf_1 \tag{3-14}$$

在主磁通相同情况下，转子转动时的转子电动势有效值 $E_{2s}$ 和转子静止时的转子电动势有效值 $E_2$ 关系为

$$E_{2s} = 4.44 f_2 N_2 k_{N2} \Phi_m = 4.44 sf_1 N_2 k_{N2} \Phi_m = sE_2 \tag{3-15}$$

式中：$N_2$——转子每相绕组的总匝数；

$k_{N2}$——转子绕组系数。

同理，可得转子转动时转子漏电抗与转子静止时转子漏电抗关系为

$$x_{2\sigma s} = 2\pi f_2 L_{2\sigma} = 2\pi sf_1 L_{2\sigma} = sx_{2\sigma} \tag{3-16}$$

转子转动时定、转子绕组回路等效电路如图 3 - 21 所示。根据基尔霍夫电压定律可得转子转动时的定、转子电压平衡方程式为

$$\dot{U}_1 = -\dot{E}_1 + \dot{I}_1(r_1 + jx_{1\sigma}) \tag{3-17}$$

$$\dot{E}_{2s} - \dot{I}_{2s}(r_2 + jx_{2\sigma s}) = 0 \tag{3-18}$$

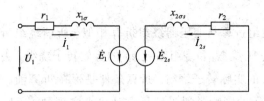

图 3-21 转子转动时定、转子回路等效电路

### 3. 折算

三相异步电动机定、转子之间没有直接电路上的联系，只有磁路上的联系，不便于实际工作的计算，所以必须像变压器那样进行等效电路的分析。为了能将转子电路与定子电路做直接的电的连接，等效要在不改变定子绕组的物理量（定子的电动势、电流及功率因数等）而且转子对定子的影响不变的原则下进行，即将转子电路折算到定子侧时要保持折算前后转子旋转磁动势不变以保证磁动势平衡不变和折算前后各功率不变。为了找到三相异步电动机的等效电路，除了进行转子绕组的折算外，还需要进行转子频率的折算。

1）频率折算

所谓频率折算，是指用一个等效的静止转子来代替实际旋转的转子，使转子回路的频率与定子回路的频率相同。折算前、后要保持定子与转子间的电磁关系不变，即转子旋转磁动势不变。转子磁动势来源于转子电流，也就是保持转子电流相对关系不变。折算前、后转子电流有效值不变，转子电流相位相对于定子不变，可以认为是相等，即

$$\dot{I}_{2s} = \dot{I}_2 \tag{3-19}$$

折算前、后转子电动势有效值和漏抗关系分别见式（3-15）和式（3-16）。折算前、后转子电动势相位相对定子不变。转子电阻折算前、后认为不变。把折算前、后各量关系式代入折算前转子回路电压平衡方程式（3-18），可得频率折算后转子回路电压平衡方程，即

$$\dot{I}_2 = \frac{s\dot{E}_2}{r_2 + \mathrm{j}sx_{2\sigma}} = \frac{\dot{E}_2}{r_2 + \mathrm{j}x_{2\sigma} + \dfrac{1-s}{s}r_2} \tag{3-20}$$

将式（3-20）代替转子实际回路，则转子回路频率和定子回路频率就是一样的，就可以和定子回路构成一个整体。转子频率折算后定、转子绕组回路等效电路如图 3-22 所示。频率折算后转子回路多了一项电阻 $\dfrac{1-s}{s} \cdot r_2$，这个电阻并不是实际的电阻，而是一个等效电阻，它并不是表示电能和热能之间的转换，而是电能与机械能之间的转换。

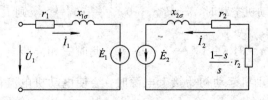

图 3-22 转子频率折算后定、转子回路等效电路

2）绕组折算

三相异步电动机绕组折算与变压器绕组折算相似。所谓绕组折算，是指用一个和定子绕组具有同样相数 $m_1$、匝数 $N_1$ 和绕组系数 $k_{N1}$ 的等效转子绕组，去代替原来具有相数 $m_2$、匝数 $N_2$ 和绕组系数 $k_{N2}$ 的实际转子绕组。折算条件是保持折算前、后电动机内部的电磁关系不变。由于转子对定子的影响是通过转子磁动势来实现的，所以折算前、后转子磁动势应保持不变，转子绕组各部分功率不变。转子折算值上均加"′"。

**4. 等效电路**

与变压器等效电路一样，折算后可以得出三相异步电动机 T 形等效电路，如图 3-23 所示。

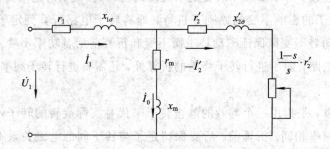

图 3-23 三相异步电动机 T 形等效电路

由于三相异步电动机 T 形等效电路是并、串联混合电路，计算比较麻烦，所以在实际应用中，考虑到励磁电抗很大，励磁电流很小，常将 T 形等效电路的励磁支路前移，使电路简化为并联电路，如图 3-24 所示，该电路称为简化等效电路。

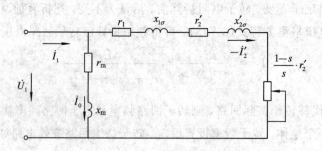

图 3-24 三相异步电动机简化等效电路

根据等效电路可知：

（1）当三相异步电动机空载时，$n \rightarrow n_1$，$s \rightarrow 0$，$\dfrac{1-s}{s} \cdot r_2' \rightarrow \infty$，则 $\dot{I}_2' \approx 0$，相当于转子开路。

（2）转子堵转时，$n=0$，$s=1$，$\dfrac{1-s}{s} \cdot r_2'=0$，此时三相异步电动机定、转子电流均很大，因此在三相异步电动机起动初始接上电源时，会使电动机电流很大，这在电动机使用时应多加注意。

## 二、三相异步电动机的功率和转矩

### 1. 功率方程

三相异步电动机通电运行时，输入功率为 $P_1$ 时，定子绕组上会产生铜耗 $p_{Cu1}$，旋转磁场在定子铁心产生铁耗 $p_{Fe}$，转子频率很小，转子铁耗可忽略，输入功率去掉这些损耗后，剩下的功率便是通过主磁通传递到转子上的电磁功率，即

$$P_{em} = P_1 - (p_{Cu1} + p_{Fe}) \qquad (3-21)$$

功率流程图如图 3-25 所示。

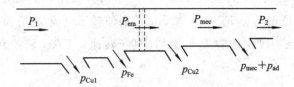

图 3-25 三相异步电动机功率流程

电磁功率一部分用于转子铜耗，一部分用于机械功率，即

$$P_{em} = P_{mec} + p_{Cu2} \qquad (3-22)$$

由于铜耗电阻与代表机械功率等效电阻成一定比例，即 $s/(1-s)$，所以从定子上传输到转子上的电磁功率也是按该比例分配转子铜耗和机械功率的，即

$$P_{mec} = (1-s)P_{em} \qquad (3-23)$$

$$p_{Cu2} = sP_{em} \qquad (3-24)$$

三相异步电动机运行时，还会产生轴承及风阻等摩擦损耗，这些损耗称为机械损耗 $p_{mec}$。此外，由于定、转子铁心开槽以及谐波，还要产生附加损耗，用 $p_{ad}$ 表示。三相异步电动机轴上输出的机械功率 $P_2$ 应该是总机械功率去掉机械损耗和附加损耗，即

$$P_2 = P_{mec} - (p_{mec} + p_{ad}) = P_{mec} - p_0 \qquad (3-25)$$

式中：$p_0$——空载损耗，$p_0 = p_{mec} + p_{ad}$。

### 2. 功率方程

由于旋转物体的机械功率等于转矩乘以机械角速度，所以将式(3-25)两边同除以转子的机械角速度，可得转矩方程，即

$$\frac{P_2}{\omega} = \frac{P_{mec}}{\omega} - \frac{p_0}{\omega}$$

$$T_2 = T_{em} - T_0 \qquad (3-26)$$

式中：$T_2$——输出转矩，即转子所拖动的负载反作用于转子的制动转矩；

　　　$T_{em}$——电磁转矩，是拖动性转矩；

　　　$T_0$——空载转矩，是由于机械损耗和附加损耗引起的制动转矩；

　　　$\omega$——机械角速度，$\omega = \dfrac{2\pi n}{60}$。

由三相异步电动机铭牌数据 $P_N$ 和 $n_N$ 可近似求得额定输出转矩 $T_{2N}$，即

$$T_{2N} = 9550 \frac{P_N}{n_N} \tag{3-27}$$

## 三、三相异步电动机的工作特性

三相异步电动机的工作特性是指定子的电压及频率为额定时，三相异步电动机的转速 $n$、定子电流 $I_1$、功率因数 $\cos\varphi_1$、电磁转矩 $T_{em}$、效率 $\eta$ 等与输出功率 $P_2$ 的关系曲线。

**1. 转速特性 $n = f(P_2)$**

三相异步电动机空载时，转子的转速 $n$ 接近于同步转速 $n_1$。随着负载的增加，转速 $n$ 会略微降低，这时转子电动势 $E_{2s} = sE_2$ 增大，从而使转子电流 $I_{2s}$ 增大，以产生较大的电磁转矩来平衡负载转矩。因此，随着 $P_2$ 的增加，转子转速 $n$ 下降，转差率 $s$ 增大。转速特性如图 3-26 所示。

**2. 转矩特性 $T_{em} = f(P_2)$**

空载时 $P_2 = 0$，电磁转矩 $T_{em}$ 等于空载转矩 $T_0$。随着 $P_2$ 的增加，已知 $T_2 = \dfrac{P_2}{\omega} = \dfrac{P_2}{2\pi n/60}$，如 $n$ 基本不变，则 $T_2$ 为过原点的直线。考虑到 $P_2$ 增加时，$n$ 稍有降低，故 $T_2 = f(P_2)$ 随着 $P_2$ 增加略向上弯曲。电磁转矩 $T_{em} = T_2 + T_0$，所以 $T_{em} = f(P_2)$ 将比 $T_2 = f(P_2)$ 平行上移 $T_0$ 数值，如图 3-26 所示。

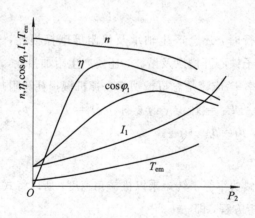

图 3-26　三相异步电动机的工作特性

**3. 定子电流特性 $I_1 = f(P_2)$**

当三相异步电动机空载时，转子电流 $I_2'$ 近似为零，定子电流等于励磁电流 $I_0$。随着负载的增加，转速下降（$s$ 增大），转子电流增大，定子电流也增大。当 $P_2 > P_N$ 时，由于此时 $\cos\varphi_2$ 降低，$I_1$ 增长更快些，如图 3-26 所示。

**4. 功率因数特性** $\cos\varphi_1 = f(P_2)$

三相异步电动机运行时，必须从电网中吸取感性无功功率，它的功率因数总是滞后的，且永远小于 1。三相异步电动机空载时，定子电流基本上只有励磁电流，功率因数很低，一般不超过 0.2。当负载增加时，定子电流中的有功电流增加，使功率因数提高。接近额定负载时，功率因数也达到最高。超过额定负载时，由于转速降低较多，转差率增大，使转子电流与电动势之间的相位角增大，转子的功率因数下降较多，引起定子电流中的无功电流分量也增大，因而三相异步电动机的功率因数 $\cos\varphi_1$ 趋于下降，如图 3－26 所示。

**5. 效率特性** $\eta = f(P_2)$

由功率平衡方程可知，三相异步电动机的损耗主要是可变的铜损和固定的铁损。当负载 $P_2$ 较小时，效率低；随着负载 $P_2$ 的增加，铁损不变，铜损增加，但总损耗的增加小于负载功率的增加，效率上升；当不变损耗等于可变损耗时，三相异步电动机的效率达到最大；负载继续增大，铜损是按负载电流的平方增大的，使得效率又开始下降，如图 3－26 所示。对于中小型三相异步电动机，大约 $P_2 = (0.75 \sim 1)P_N$ 时，效率最高。

由此可见，效率曲线和功率因数曲线都是在额定负载附近达到最高，因此选用三相异步电动机容量时，应注意使其与负载相匹配。如果选得过小，三相异步电动机长期过载运行影响寿命；如果选得过大，则功率因数和效率都很低，浪费能源。

## 四、三相异步电动机的机械特性

三相异步电动机的机械特性是指在一定条件下，三相异步电动机的转速 $n$ 或转差率 $s$ 与电磁转矩 $T_{em}$ 的关系为

$$n = f(T_{em}) \quad \text{或} \quad T_{em} = f(s)$$

**1. 机械特性表达式**

由三相异步电动机的等效电路图可以得到电磁功率为

$$P_{em} = m_1 I_2'^2 \frac{r_2'}{s} \tag{3-28}$$

转子电流折算值为

$$I_2' = \frac{U_1}{\sqrt{\left(r_1 + \dfrac{r_2'}{s}\right)^2 + (x_{1\sigma} + x_{2\sigma}')^2}} \tag{3-29}$$

电磁转矩为

$$T_{em} = \frac{P_{em}}{\omega_1} = \frac{m_1 I_2'^2 \dfrac{r_2'}{s}}{\dfrac{2\pi f_1}{p}} = \frac{m_1 p U_1^2 \dfrac{r_2'}{s}}{2\pi f_1 \left[\left(r_1 + \dfrac{r_2'}{s}\right)^2 + (x_{1\sigma} + x_{2\sigma}')^2\right]} \tag{3-30}$$

即是三相异步电动机的机械特性方程式。

**2. 机械特性**

1) 固有机械特性

三相异步电动机固有机械特性是指三相异步电动机工作在额定电压和额定频率下，按规定方法接线，定子、转子外接电阻为零时，$n$ 或 $s$ 与 $T_{em}$ 的关系。以 $T_{em}$ 为横轴，$n$ 或 $s$ 为纵轴，绘出三相异步电动机固有机械特性曲线，如图 3-27 所示。

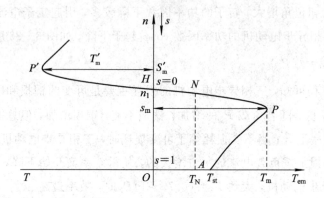

图 3-27 三相异步电动机固有机械特性曲线

为了描述固有机械特性的特点，下面着重研究固有机械特性上的几个特殊运行点。

(1) 起动点 $A$。其特点是转速 $n=0$，$s=1$，$T_{em}=T_{st}$（起动转矩）。

(2) 额定工作点 $N$。其特点是转速 $n=n_N$，$s=s_N$，$T_{em}=T_N$，电流 $I_1=I_{1N}$。

(3) 理想空载点 $H$。其特点是转速 $n=n_1$，$s=0$，$T_{em}=0$，电流 $I_1=I_0$，$I_2'=0$。

(4) 最大转矩点 $P$。其特点是 $s=s_m$（临界转差率），$T_{em}=T_m$（最大电磁转矩）。

2) 三相异步电动机的稳定运行区

在机械特性的 $H-P$ 部分，即 $s_m>s>0$ 范围内。在这一部分，随着电磁转矩 $T_{em}$ 的增加，转速降低，根据电力系统稳定运行的条件，这部分为稳定运行区，三相异步电动机应工作在这一范围内。

3) 最大电磁转矩和过载能力

通过数学分析，将式(3-30)对 $s$ 求导，并令 $\dfrac{\mathrm{d}T_{em}}{\mathrm{d}s}=0$，可得临界转差率

$$s_m = \frac{r_2'}{\sqrt{r_1^2+(x_{1\sigma}+x_{2\sigma}')^2}} \tag{3-31}$$

将式(3-31)代入式(3-30)可得最大电磁转矩

$$T_m = \frac{m_1 p U_1^2}{4\pi f_1 \left[\pm r_1 + \sqrt{r_1^2+(x_{1\sigma}+x_{2\sigma}')^2}\right]} \tag{3-32}$$

由此可知：

(1) 当电源频率和电磁参数不变时，最大电磁转矩与电源电压的平方成正比。

（2）最大电磁转矩的大小与转子回路的电阻无关，但临界转差率则与转子回路电阻成正比，与电源电压无关。

最大电磁转矩与额定转矩之比称为三相异步电动机的过载能力，用 $\lambda_m$ 表示，即

$$\lambda_m = \frac{T_m}{T_N} \tag{3-33}$$

过载能力是三相异步电动机的重要性能指标之一，反映三相异步电动机承受负载波动的能力。

#### 4）起动转矩和起动转矩倍数

$n=0$，$s=1$ 时的电磁转矩为三相异步电动机的起动转矩。三相异步电动机的起动转矩必须大于三相异步电动机所带负载的转矩，三相异步电动机才能起动，因此起动转矩的大小是衡量三相异步电动机起动性能好坏的技术指标。由机械特性方程式知：

$$T_{st} = \frac{m_1 p U_1^2 r_2'}{2\pi f_1 \left[ (r_1 + r_2')^2 + (x_{1\sigma} + x_{2\sigma}')^2 \right]} \tag{3-34}$$

由此可知，起动转矩 $T_{st}$ 的大小与电源电压的平方成正比，同时也受转子电阻大小的影响。

起动转矩与额定转矩之比称为三相异步电动机的起动转矩倍数，用 $K_m$ 表示，即

$$K_m = \frac{T_{st}}{T_N} \tag{3-35}$$

普通三相异步电动机 $K_m = 1.0 \sim 2.0$；起重、冶金等特殊用途三相异步电动机，$K_m = 2.8 \sim 4.0$。

#### 5）转矩实用计算

以上三相异步电动机的机械特性性能都是通过特性方程式分析得来的。但方程式较为复杂，而且一般情况下，三相异步电动机的某些数据在产品目录或铭牌上是查不到的，给方程式的定量运算带来不便。通过对方程式的分析，可以得到只反映三相异步电动机运行外部机械参数的实用表达式如下：

$$T_{em} = \frac{2}{\dfrac{s}{s_m} + \dfrac{s_m}{s}} T_m \tag{3-36}$$

其中，

$$T_m = \lambda_m T_N$$

$$T_N = 9550 \frac{P_N}{n_N}$$

$$s_m = s_N (\lambda_m + \sqrt{\lambda_m^2 - 1})$$

各式中数据均是铭牌所给或通过铭牌数据可以计算得到的，能很方便地得到电磁转矩与转差率的对应关系。

6）人为机械特性

应调速、起动的要求，一般会考虑电源电压和转子电阻对机械特性曲线的影响。根据起动转矩和最大转矩的变化规律可得电源电压和转子电阻分别对机械特性曲线的影响，分别如图 3-28 和图 3-29 所示。

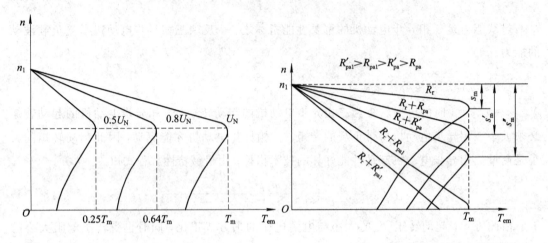

图 3-28　改变电源电压时的人为机械特性　　　　图 3-29　转子串电阻时的人为机械特性

# 课题四　三相异步电动机的起动、调速和制动

## ▶ 学习目标
- 理解和掌握三相异步电动机的起动方法；
- 理解和掌握三相异步电动机的调速方法；
- 理解和掌握三相异步电动机的制动运行。

以交流电动机为原动机的电力拖动系统称为交流电力拖动系统，交流电力拖动系统中的电动机主要是三相异步电动机。

## 一、三相异步电动机的起动

三相异步电动机接上电源，从静止状态到稳定运行状态的过程，称为三相异步电动机的起动过程，简称起动。实际起动过程非常短暂，通常只需几分之一秒到几秒，但起动电流很大，起动转矩小，如起动不当，可能引起电网电压显著下降，甚至会损坏三相异步电动机或接在电网上的其它电气设备，因此起动是三相异步电动机运行的重要问题之一。通常希望起动转矩足够大，起动电流较小，起动设备尽量简单、可靠、操作方便和经济等。

### 1. 三相笼型异步电动机的起动

三相笼型异步电动机的起动有直接起动和降压起动。

1）直接起动

利用刀闸或交流接触器把三相异步电动机定子绕组直接接到额定电压上起动，称为直接起动。直接起动操作简便，具有较大的起动转矩。它的缺点是：起动电流大，可达额定电流的4～7倍。当供电变压器容量不大时，会使供电变压器输出电压降低过多，进而影响到自身的起动和接在同一线路上的其它设备的正常工作。

通常认为满足下列条件之一时即可直接起动，否则应采用降压起动。

（1）容量在10 kW以下。

（2）符合下列经验公式：

$$\frac{I_{st}}{I_N} < \frac{3}{4} + \frac{供电变压器容量(kV \cdot A)}{4 \times 起动电动机功率(kW)} \qquad (3-37)$$

2）降压起动

降压起动方式是指在起动过程中降低其定子绕组上的外加电压，起动结束后，再将定子绕组的两端电压恢复到额定值。这种方法虽然能达到降低起动电流的目的，但起动转矩也同时减小很多，故此法一般只适用于三相异步电动机的空载或轻载起动，具体方法包括：

（1）定子串电阻或电抗器降压起动。三相笼型异步电动机起动时，在三相异步电动机定子电路串入电阻或电抗器，使加到三相异步电动机定子绕组端电压降低，减小了三相异步电动机上的起动电流。接线原理图如图3-30所示。

起动时，$KM_1$主触点闭合，$KM_2$主触点断开，三相异步电动机经电阻接入电源，三相异步电动机在低压状态下开始起动。三相异步当电动机的转速接近额定值时，使$KM_1$主触点断开、$KM_2$主触点接通，使三相异步电动机在全压下运行。

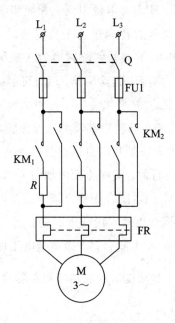

图3-30 定子串电阻起动原理接线图

（2）Y-△起动。对于正常运行为△接法的三相异步电动机，可采用 Y-△起动。接线原理图如图 3-31 所示。

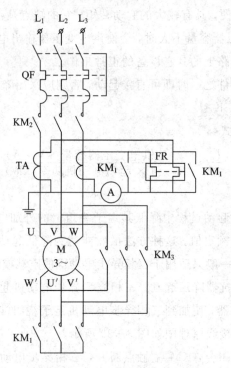

图 3-31　Y-△起动原理接线图

起动时，合上开关 QF 后，交流接触器 $KM_1$ 和 $KM_2$ 的主触点同时闭合，$KM_1$ 将三相异步电动机的定子绕组接成 Y 形，$KM_2$ 将电源引到三相异步电动机定子绕组端，三相异步电动机降压起动。当三相异步电动机的转速接近于稳定值时，$KM_1$ 先断开而后 $KM_3$ 立即闭合，将三相异步电动机定子绕组的 Y 接法解除转换为△型连接，进入额定运行状态。

三相笼型异步电动机的 Y-△降压起动简单，运行可靠，但它只适用于正常运转时定子绕组为△接法的三相异步电动机。

采用 Y-△起动，起动电流和起动转矩都降为△接法直接起动时的 1/3。

（3）自耦变压器起动。这种方法是利用自耦变压器将电源电压降低后再加到电动机定子绕组上，达到减小起动电流的目的。接线原理图如图 3-32 所示。

起动时，合上 Q 后，令 $KM_1$ 触点闭合先将自耦变压器做 Y 连接，再由 $KM_2$ 接通电源，三相异步电动机定子绕组经自耦变压器实现减压起动。当三相异步电动机的转速接近于额定转速时，令 $KM_1$、$KM_2$ 断开而 $KM_3$ 闭合，直接将全电压加在三相异步电动机上。

采用自耦变压器降压起动，起动电流和起动转矩都降为直接起动时的 $\dfrac{1}{k^2}$（$k$ 为自耦变压器的变比）。

自耦变压器降压起动的起动性能好，但线路相对较复杂，设备体积大，目前是三相笼型异步电动机常用的一种降压起动方法。

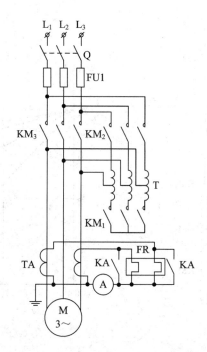

图 3-32　自耦变压器降压起动原理接线图

### 2. 绕线转子异步电动机的起动

在笼型异步电动机的降压起动中，虽然它们能减小起动电流，但同时起动转矩也随起动电压成平方倍地下降，故只适用于轻载和空载起动的机械负载。对于需重载起动的机械负载（如起重机、电梯等），如果既要限制起动电流又要有足够大的起动转矩，就必须采用其它的三相异步电动机。

与笼型异步电动机不同的是，绕线转子异步电动机的转子可以外接阻抗元件以改变其相应参数。利用这个特点，绕线转子异步电动机常用的起动方法是在转子回路串入分级起动电阻或频敏变阻器起动。转子回路串入起动电阻，既可以降低起动电流，又可以增大起动转矩。

1) 转子回路串电阻分级起动

绕线转子异步电动机转子串三相对称电阻起动时，一般采用转子串多级起动电阻，然后分级切除起动电阻的方法，以提高平均起动转矩和减小起动电流与起动转矩对系统的冲击。

绕线转子异步电动机转子串电阻起动的原理接线图及机械特性如图 3-33 所示。起动过程如下：

三相异步电动机在起动电阻全部串入情况下起动，转速从起点 a 点沿机械特性曲线 3 开始上升，电磁转矩沿机械特性曲线逐渐减小。当转矩减小到 $T_2$（b 点）时，$KM_3$ 触电闭合切断 $r_{c3}$。在切除瞬间，由于惯性，转子转速不变，而转子电流突然增加，使电磁转矩突增至 $T_1$（c 点），使三相异步电动机迅速加速。同理，随着转速的升高，逐级切除电阻，直到所有电阻被切除，起动结束。

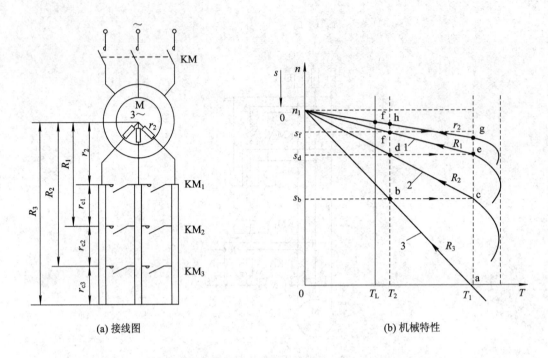

(a) 接线图　　　　　　　　　　　　(b) 机械特性

图 3 - 33　转子回转串电阻起动原理接线图及机械特性

2) 转子回路串频敏变阻器起动

转子回路串电阻分级起动方式下，当逐级切除起动电阻时，由于转矩的突变会引起机械冲击，并且需要很多的切除开关，所以控制设备大，维修也较麻烦。为克服上述缺陷，对于容量较大的三相异步电动机普遍采用频敏变阻器作为起动电阻，其特点是，它的电阻值会随着转速的上升而自动减小。接线原理图如图 3 - 34 所示。

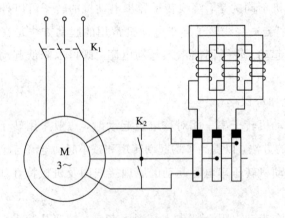

图 3 - 34　转子串频敏变阻器起动原理接线图

频敏变阻器是一个只有一次线圈的三相心式变压器。不同的是，它的铁心采用比普通变压器的硅钢片厚约 100 倍的钢板或铁板叠成，因而涡流损耗很大。由于涡流损耗与频率的平方成正比，起动时，$s=1$，$f_2=sf_1=50\ \mathrm{Hz}$，涡流损耗较大，反映铁耗的等效电阻较大，所以起到了限制起动电流和提高起动转矩的作用。起动后，随着转速的升高，转子频率下降，等效电阻随着涡流损耗的下降而减小。

绕线转子异步电动机转子串频敏变阻器起动，控制线路简单，初期投资少，起动性能好，运行可靠，维护简单，所以应用较多。

## 二、三相异步电动机的调速

在现代工业生产中，迫切要求三相异步电动机具有优良的调速性能。所谓调速，是指人为改变三相异步电动机的转速。

三相异步电动机的转速表达式为：

$$n = n_1(1-s) = \frac{60 f_1}{p}(1-s) \tag{3-38}$$

由式(3-38)可知，三相异步电动机调速方法包括变转差率调速、变频调速和变极调速。

### 1. 变极调速

改变磁极对数调速，实际上是改变定子绕组的连接方法，从而改变三相异步电动机的同步转速 $n_1$。电机制造厂专门设计了便于改接的定子绕组，制造出多速三相异步电动机。

图3-35中，每相绕组由两个"半绕组"1和2组成。图3-35(a)所示为正向串联的方法得出四极的磁场分布。图3-35(b)所示为反向串联或图3-35(c)所示为反向并联接法都可得到两极的磁场分布。由此可知，改变接法可使极对数成倍减少，使同步转速成倍增加。显然，这种调速方法只能是有级调速。

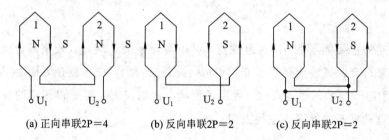

(a) 正向串联2P=4　　　　(b) 反向串联2P=2　　　　(c) 反向串联2P=2

图3-35　定子绕组改接以改变定子磁极对数

目前，我国多级三相异步电动机定子绕组连接方式常用有两种：一种是从星形改接成双星形，写作 Y/YY，如图3-36所示；另一种是从三角形改接成双星形，写作△/YY，如图3-37所示。这两种接法可使三相异步电动机磁极对数减少一半。在改接时，为了使三相异步电动机转向不变，应把绕组的相序改变一下。

变极调速主要用于各种机床及其它设备上。它所需设备简单、体积小、重量轻，但三相异步电动机的绕组引出头较多，调速级数少，级差大。

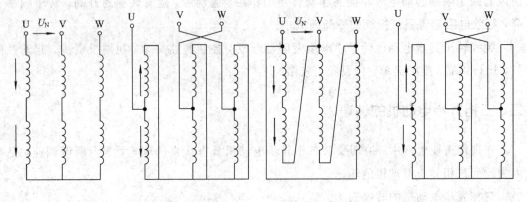

图 3-36　Y/YY 变极调速接线　　　　　　　图 3-37　△/YY 变极调速接线

**2. 变频调速**

变频调速是通过改变三相异步电动机电源的频率 $f_1$，来改变三相异步电动机的同步转速，从而实现其转子转速改变的方法。

进行变频调速时，为使三相异步电动机得到满意的性能，通常应保持气隙磁通 $\Phi_m$ 不变。由式 $U_1 = E_1 = 4.44 f_1 N_1 k_{N1} \Phi_m$ 可知，若电源电压 $U_1$ 不变，当 $f_1$ 减小时，$\Phi_m$ 将增大，引起电机磁路饱和，励磁电流明显增大，使三相异步电动机带负载的能力下降，功率因数降低，铁耗增加，三相异步电动机过热。反之，当 $f_1$ 增大时，$\Phi_m$ 将减小，导致三相异步电动机允许输出转矩下降，使三相异步电动机利用率降低，在一定负载下，还有过电流的危险。

为保持磁通 $\Phi_m$ 不变，在调速过程中，调压调频应同时进行，且保持两者的比值不变，即

$$\frac{U_1}{f_1} = 4.44 N_1 k_{N1} \Phi_m = 常数 \tag{3-39}$$

变频调速的主要优点是，调速范围宽，可以实现平滑的调速，效率高，技术性能优越。但它需要一套符合调速性能要求的变频电源，设备投资大，技术复杂，从而限制了其使用。近年来，由于电子技术的迅速发展，促进了变频电源的发展，使变频调速的应用发展加快，是现代交流电动机调速发展的主要方向。

**3. 变转差率调速**

改变外加电源电压或者改变转子回路电阻，都可以改变转差率 $s$，前者用于笼型异步电动机，后者仅适用于绕线转子异步电动机的调速。

绕线转子异步电动机带恒转矩负载时，改变转子回路串入电阻的大小，就可以改变三相异步电动机的机械特性，如图 3-29 所示。转子回路串入的电阻越大，产生的临界转差率越大，曲线越向下倾斜，转速越低。在负载转矩不变的情况下，增大转子电阻，三相异步电动机转速随之下降。

这种调速方法的优点是，设备简单，操作方便，初投资小，可在一定范围内平滑调速。其缺点是，低速运行时的机械特性软，转速稳定性差，损耗大，效率低。转子串入电阻这种

调速方法在中、小容量的三相异步电动机中用得比较多，特别适合于对调速性能要求不高的生产机械如起重机，也可用于通风机的调速。

## 三、三相异步电动机的电气制动

三相异步电动机常用的电气制动方法有三种，即能耗制动、反接制动和回馈制动。

### 1. 能耗制动

能耗制动接线图如图 3-38 所示。

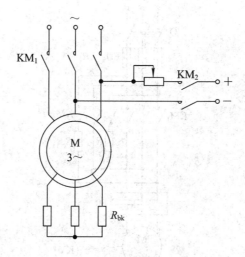

图 3-38　能耗制动接线图

制动时，先断开开关 $KM_1$，此时三相异步电动机的交流电源被切断；随即合上开关 $KM_2$，三相异步电动机两相定子绕组通入直流电。

于是在三相异步电动机的气隙中便产生一个空间固定的恒定磁场，由于机械惯性，三相异步电动机将继续旋转（设为顺时针方向），其转子导条将切割气隙磁场，产生感应电动势，并形成转子感应电流，其方向由右手定则确定，如图 3-39 所示。通电的转子导条电流与气隙磁场相互作用产生电磁力，形成与转子转向相反的电磁转矩。使三相异步电动机迅速停转。由于这时三相异步电动机储存的动能全部变成了电能消耗在转子回路的电阻上，所以称为能耗制动。

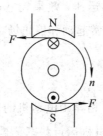

图 3-39　能耗制动原理图

在笼型异步电动机中，可通过调节直流电流的大小来控制制动转矩的大小；而在绕线转子异步电动机中，则可通过调节转子电阻来控制制动转矩的大小。

这种制动方法能量消耗小，制动平稳，但需要直流电源，低速时制动转矩小。因此，能耗制动常用于要求制动准确、平稳的场合，如磨床砂轮、立式铣床主轴的制动等。

**2. 反接制动**

反接制动通过改变定子绕组上所加电源的相序来实现的，如图3-40所示。

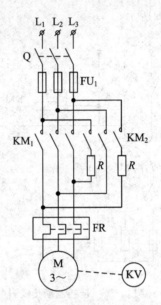

图 3-40 反接制动原理图

制动前，$KM_1$ 闭合，$KM_2$ 断开，三相异步电动机正常运行；当需要制动时，$KM_1$ 断开，$KM_2$ 闭合，此时，定子电流的相序与正向时相反，定子产生的气隙磁场反向旋转，使得电磁转矩的方向与三相异步电动机的旋转方向相反，从而起到制动的作用。

在这种制动方法中，当转速接近0时，要立即切断电源，否则，三相异步电动机将反向继续旋转。由于在反接制动时，旋转磁场与转子的相对速度很大（$\Delta n = n_1 + n$），因而转子感应电动势很大，故转子电流和定子电流也将很大。为限制电流，常常在定子回路中串入限流电阻 $R$。反接制动方法简单，制动迅速，效果较好；但制动过程冲击强烈，能量消耗较大。一般用于要求制动迅速，不需经常起动和停止场合，如铣床、镗床、中型车床等主轴的制动。

**3. 回馈制动**

如果由于外来因素的影响，使三相异步电动机的转速加速到大于同步转速（$n > n_1$，且同方向），三相异步电动机进入到发电机运行状态，电磁转矩起制动作用，三相异步电动机将机械能转变为电能反馈回电网。回馈制动主要发生在电车下坡、起重机下放重物或笼型异步电动机变极调速由高速降为低速的时候。

以起重机下放重物为例。刚开始时，三相异步电动机的转速小于同步转速，即 $n<n_1$，此电机处于电动机状态，电磁转矩与电动机旋转方向相同，如图 3-41 所示。这时三相异步电动机在电磁转矩和重力所产生的转矩的双重作用下，重物以越来越快的速度下降。当三相异步电动机的转速大于定子磁场的转速时，即 $n>n_1$ 时，旋转磁场切割转子导条的方向与三相异步电动机运行状态时相反，于是转子感应电动势、感应电流和电磁转矩的方向刚好与三相异步电动机运行时的方向相反，此时，电磁转矩为制动性质，三相异步电动机进入发电制动状态。在制动转矩的作用下，三相异步电动机的加速度开始减小，直到三相异步电动机的制动转矩与重力所形成的转矩相平衡时，三相异步电动机的加速度为零，然后重物以恒定的转速平稳的下放。

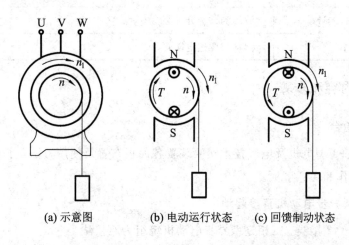

(a) 示意图　　　　(b) 电动运行状态　　　(c) 回馈制动状态

图 3-41　回馈制动原理图

# 实训　交流电机的简单操作

## 一、任务目标

掌握三相异步电动机的起动和调速的方法。

## 二、预习要点

（1）三相异步电动机有哪些起动方法和起动技术。

（2）三相异步电动机的调速方法。

## 三、实训设备

实训设备如表 3-7 所示。

表 3 - 7　设 备 材 料 表

| 序号 | 型号 | 名　称 | 数量 |
|---|---|---|---|
| 1 | DD03 | 导轨、测速发电机及转速表 | 1 件 |
| 2 | DJ16 | 三相笼型异步电动机 | 1 件 |
| 3 | DJ17 | 三相绕线转子异步电动机 | 1 件 |
| 4 | D32 | 交流电流表 | 1 件 |
| 5 | D33 | 交流电压表 | 1 件 |
| 6 | D43 | 三相可调电抗器 | 1 件 |
| 7 | D51 | 波形测试及开关板 | 1 件 |
| 8 | DJ17 - 1 | 起动与调速电阻箱 | 1 件 |

## 四、实训内容和步骤

**1. 认识实验台**

认识 DDSZ - 1 型电机及电气技术实验装置各面板布置及使用方法，了解电机实训的基本要求，安全操作和注意事项。

**2. 三相笼型异步电动机直接起动**

(1) 按图 3 - 42 接线。三相笼型异步电动机绕组为△接法。

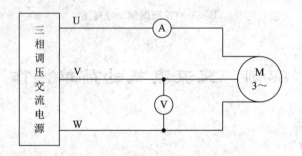

图 3 - 42　三相笼型异步电动机直接起动接线

(2) 把交流调压器退到零位，开启电源总开关，按下"开"按钮，接通三相交流电源。

(3) 调节调压器，使输出电压达三相笼型异步电动机额定电压 220 伏，使三相笼型异步电动机起动旋转。

(4) 再按下"关"按钮，断开三相交流电源，待三相笼型异步电动机停止旋转后，按下"开"按钮，接通三相交流电源，使三相笼型异步电动机全压起动，观察三相笼型异步电动机起动瞬间电流值。

**3. 三相笼型异步电动机星形—三角形(Y-△)起动**

(1) 按图 3 - 43 接线。线接好后把调压器退到零位。

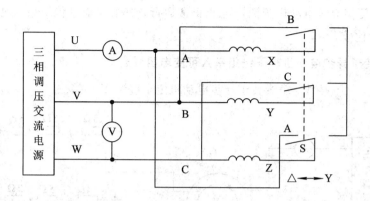

图 3-43　三相笼型异步电动机星形-三角形起动

（2）三刀双掷开关合向右边（Y 接法）。合上电源开关，逐渐调节调压器使升压至电机额定电压 220 伏，断开电源开关，待三相笼型异步电动机停转。

（3）合上电源开关，观察起动瞬间电流，然后把 S 合向左边，使三相笼型异步电动机（△）正常运行，整个起动过程结束。观察起动瞬间电流表的显示值以与其它起动方法作定性比较。

**4. 三相笼型异步电动机定子串入自耦变压器起动**

（1）按图 3-44 接线。三相笼型异步电动机绕组为△接法。

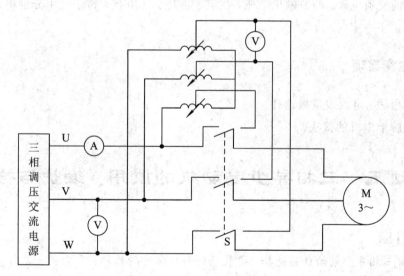

图 3-44　三相笼型异步电动机自耦变压器法起动

（2）三相调压器退到零位，开关 S 合向左边.自耦变压器选用 D43 挂箱。

（3）合上电源开关，调节调压器使输出电压达电机额定电压 220 伏，断开电源开关，待电机停转。

（4）开关 S 合向右边。合上电源开关，使三相笼型异步电动机由自耦变压器降压起动（自耦变压器抽头输出电压分别为电源电压的 40%、60% 和 80%）并经一定时间再把 S 合向左边，使三相笼型异步电动机按额定电压正常运行，整个起动过程结束。观察起动瞬间电流以作定性的比较。

**5. 绕线转子异步电动机转子绕组串入可变电阻器起动**

（1）按图 3-45 接线。绕线转子异步电动机定子绕组 Y 形接法。

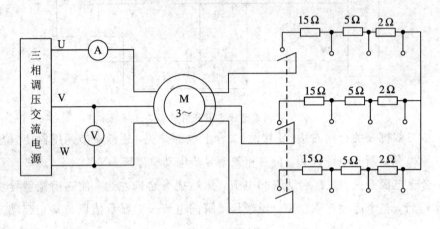

图 3-45　绕线转子异步电动机转子绕组串入电阻起动

（2）转子每相串入的电阻可用 DJ17-1 起动与调速电阻箱。

（3）接通交流电源，调节输出电压，在定子电压为 180 伏，转子绕组分别串入不同电阻值时，测取定子电流。

**五、注意事项**

（1）电压表、电流表量程选择。

（2）铭牌上电机的接法。

# 课题五　三相异步电动机的使用、维护与检修

## ◈ 学习目标

- 了解三相异步电动机的选择、安装原则和日常运行维护；
- 了解三相异步电动机的常见故障以及处理方法。

## 一、三相异步电动机的选择

合理选择三相异步电动机是正确使用三相异步电动机的前提，选择时要全面考虑电源、负载、使用环境等诸多因素。

（1）类型的选择。三相异步电动机有笼型和绕线转子两种。笼型异步电动机结构简单、价格低廉，但起动性能较差，一般空载或轻载起动的生产机械方可选用。绕线转子异步电动机起动转矩大，起动电流小，但结构复杂，起动和维护较麻烦，只用于需要大起动转矩的场合，如起重设备等。

（2）转速的选择。三相异步电动机转速选择的原则是使其尽可能接近生产机械的转速，以简化传动装置。

（3）容量的选择。三相异步电动机容量的选择，是由生产机械决定的，即由负载所需的功率所决定。

## 二、三相异步电动机的安装

### 1. 安装场地的选择

三相异步电动机的安装应遵循以下原则。

（1）有大量尘埃、爆炸性或腐蚀性气体、环境温度超过 40℃ 以及水中作业等场所，应该选择具有合适防护形式的三相异步电动机。

（2）潮气少的场所。

（3）通风良好的场所。

（4）尘埃较少的场所。灰尘过多会附在三相异步电动机的线圈上，使三相异步电动机绝缘电阻降低、冷却效果变差。

（5）易维修、易检查的场所。

### 2. 安装前的清理与检查

（1）安装前，核对三相异步电动机铭牌上的型号以及各项数据与实际要求是否相符。

（2）清除掉积尘、脏污，用小于两个大气压的压缩空气吹净附着在三相异步电动机内外各部位的灰尘。

（3）检查三相异步电动机装配是否良好，紧固件应无松动。

（4）各导电连接部分接触良好，无锈蚀情况，绕线转子异步电动机应检查电刷集电环接触是否良好，接触面积应大于电刷截面积的 75%，电刷弹簧压力大小是否适当。

（5）检查轴承的润滑情况，转子转动应灵活无碰擦声。

（6）用兆欧表测三相异步电动机绕组的绝缘电阻，其测得值应不低于允许界限，如低于允许值，必须经干燥处理方能安装。

## 三、三相异步电动机的起动

### 1. 起动前的准备

对新安装或停用三个月以上的三相异步电动机，在通电使用前必须按使用条件进行必要的检查，以验证三相异步电动机能否通电运行。

（1）安装检查。检查三相异步电动机端盖螺栓、地脚螺钉、与连轴器联接的螺钉和销子是否紧固，松紧度是否合适，联轴器或皮带轮中心线是否校准；机组的转子是否灵活，有无非正常的摩擦、窜动等。

（2）绝缘电阻检查。用兆欧表测量三相异步电动机的各相绕组之间以及各相绕组与机壳之间的绝缘电阻，测得冷态绝缘电阻一般不小于 10 MΩ。否则应对三相异步电动机进行干燥。

（3）电源检查。电源电压通常不得超出三相异步电动机额定值的＋10％或－5％。

（4）起动、保护措施检查。开关和接触器的容量合格，触头接触良好；熔断器和热继电器的额定电流与三相异步电动机容量相匹配，热继电器复位；外壳接地良好。

**2. 起动后的检查**

（1）三相异步电动机起动后的电流是否正常，在三相电源平衡时，三相电流中任一相与三相平均值的偏差不得超过 10％。

（2）三相异步电动机的旋转方向有无错误。

（3）有无异常振动和响声。

（4）有无异味和冒烟现象。

（5）电流的大小与负载是否相当，有无过载情况。

（6）起动装置的动作是否正常，是否逐级加速，三相异步电动机加速是否正常，起动时间有无超过规定。

## 四、三相异步电动机的日常运行监视

在三相异步电动机的日常运行中，应注意监视以下情况：

（1）三相异步电动机有无过热情况。

（2）三相异步电动机工作电流是否超过额定值。

（3）电源电压有无异常变化。

（4）三相电源电压和电流是否平衡。

（5）三相异步电动机通风和环境的情况。

（6）三相异步电动机振动情况。

（7）三相异步电动机运转声音有无异常情况。

（8）三相异步电动机是否发出异常气味。

（9）三相异步电动机轴承的工作和发热情况。

## 五、三相异步电动机的常见故障及处理方法

三相异步电动机常见的故障类型、产生原因及处理方法见表 3 - 8。

**表 3 − 8　三相异步电动机常见的故障类型、产生原因及处理方法**

| 故障现象 | 故障原因 | 处理方法 |
|---|---|---|
| 三相异步电动机不能起动 | (1) 三相供电电源或定子绕组中有一相或两相断路；起动开关或接触器的触点接触不良，没有旋转磁场<br>(2) 电源电压过低，造成起动转矩不足<br>(3) 负载过大或传动机构被卡住<br>(4) 定子绕组短路。若定子绕组有相间、匝间、对地短路现象，都会使三相异步电动机的三相电流失去平衡，造成起动转矩不足<br>(5) 定子绕组接线错误，造成无旋转磁势<br>(6) 过负荷保护设备动作 | (1) 用万用表检查熔断器、开关是否熔断或烧坏；起动电器的触点是否接触良好，否则更换熔体或修理触点<br>(2) 用万用表测量电源电压，若电源电压过低，则适当提高电源电压，或更换线径较大的电源线，消除线路压降<br>(3) 减轻三相异步电动机所拖动的负载或选择容量较大的三相异步电动机。若传动机构有故障，可用手或工具转动转子，如果不能转动，就要检查是三相异步电动机本身卡住，还是负载机械被卡住。具体做法是把三相异步电动机的联轴器拆开，单独查找，从而确定故障的具体位置，以便排除故障<br>(4) 用兆欧表分别测量相间、对地的绝缘电阻，检查发现若绕组局部烧毁，对烧毁的绕组进行修复或重绕。开关是否熔断或烧坏；起动电器的触点是否接触<br>(5) 检查内部连接线是否正确，再检查接线盒里的三相绕组的首末端是否正确，应按正确接线图接线<br>(6) 调整过负荷保护设备动作值 |
| 三相异步电动机带负载运行时，转速低于额定值 | (1) 电源电压过低，使转速下降<br>(2) 将三角形连接运行的电动机误接成星形，造成降压运行<br>(3) 笼型异步电动机的转子断条，造成三相异步电动机拖动负载的能力降低<br>(4) 绕线转子异步电动机电刷与滑环接触不良，或起动变阻器接触不良<br>(5) 运行时一相断路，造成缺相<br>(6) 负载过大 | (1) 用万用表检查三相异步电动机的电源电压，调整电压到三相异步电动机的额定值<br>(2) 在三相异步电动机的接线盒里，将连接片上下短接成三角形<br>(3) 修补断条处或更换转子<br>(4) 调整电刷压力，改善电刷与滑环接触面，修复变阻器接触触点<br>(5) 用钳形电流表检测三相电流，找出断路相，予以排除<br>(6) 减轻负载或更换容量较大的三相异步电动机 |

| 故障现象 | 故 障 原 因 | 处 理 方 法 |
|---|---|---|
| 三相异步电动机空载或负载运行时，电流表指针来回摆动 | (1) 绕线转子异步电动机转子一相电刷接触不良<br>(2) 绕线转子异步电动机的转子滑环短路装置接触不良<br>(3) 笼型异步电动机的转子断条 | (1) 调整电刷压力，改善电刷与滑环接触面<br>(2) 修理或更换滑环短路装置<br>(3) 查找断条处并修补，或更换转子 |
| 三相异步电动机温升过高或冒烟 | (1) 电源电压过高或过低<br>(2) 三相异步电动机过载运行<br>(3) 三相异步电动机缺相运行，定子绕组有一相断路<br>(4) 定子绕组有短路或接地故障<br>(5) 重绕的三相异步电动机绕组匝数偏少或导线的线径过小<br>(6) 定、转子铁心片间的绝缘损坏，使涡流损耗增大<br>(7) 三相异步电动机定、转子相接触，运转时扫膛，造成定子局部摩擦生热<br>(8) 三相异步电动机风道阻塞<br>(9) 环境温度过高 | (1) 用万用表检查三相异步电动机的电源电压，并予以调整<br>(2) 减小负载<br>(3) 检查三相电压是否正常，更换已熔断的熔体，找出定子绕组的断路点，局部修复或重绕<br>(4) 打开三相异步电动机，检查定子绕组短路处，并对短路点进行绝缘处理或更换绕组，用兆欧表对接地故障进行判断，对接地点进行绝缘处理<br>(5) 重新按标准数据重绕<br>(6) 修补铁心片进行绝缘处理<br>(7) 检查矫正转轴，更换磨损严重的轴承<br>(8) 检查风扇是否脱落，清理三相异步电动机表面和内部的积尘和油垢，改善散热条件<br>(9) 室内采取降温措施，室外避免阳光直射三相异步电动机 |
| 三相异步电动机运转时有异常声音 | (1) 转子与定子铁心相摩擦<br>(2) 三相异步电动机缺相运行，有"嗡嗡"的声音<br>(3) 风扇叶碰风扇罩<br>(4) 重绕后的三相异步电动机转子摩擦绝缘纸<br>(5) 轴承缺油和损坏 | (1) 用锉刀锉平定子或转子铁心凸出部分，若是轴承包外套，采用镶套的办法处理或更换端盖<br>(2) 检查熔断器、开关、接触器的触点是否熔断或烧坏，再检查定子绕组是否断路，若有故障予以排除<br>(3) 矫正风叶，旋紧螺丝，把变形的风扇罩整形<br>(4) 修剪高出铁心的绝缘纸<br>(5) 清洗轴承，重新加入2/3容量的润滑油，更换损坏的轴承 |

| 故障现象 | 故障原因 | 处理方法 |
|---|---|---|
| 三相异步电动机外壳带电 | (1) 电源线与接地线接错<br>(2) 三相异步电动机受潮或绝缘老化<br>(3) 三相异步电动机引出线破损,造成碰壳 | (1) 纠正接线<br>(2) 对三相异步电动机进行干燥处理,若绝缘老化则更换绕组<br>(3) 找出引出线破损处,进行绝缘处理 |
| 三相异步电动机运行有异常振动 | (1) 转子动态不平衡,主要是转轴弯曲造成转子偏心<br>(2) 三相异步电动机放置不平或没有安装牢固<br>(3) 三相异步电动机与联轴器配合有误,造成系统共振<br>(4) 轴承磨损严重,造成定、转子之间气隙不均匀<br>(5) 三相异步电动机缺相,绕组短路、断路等引起电磁振动 | (1) 对转子做动平衡试验,矫正转轴<br>(2) 将三相异步电动机重新安置,紧固地脚螺栓<br>(3) 调整三相异步电动机转轴中心线与联轴器中心线一致<br>(4) 更换轴承<br>(5) 针对不同的故障予以排除 |
| 轴承过热 | (1) 轴承损坏<br>(2) 轴承与轴配合过松或过紧<br>(3) 轴承与端盖配合过松或过紧<br>(4) 润滑油过多、过少或油质不好、有异物<br>(5) 传动皮带过紧或联轴器装配不协调<br>(6) 三相异步电动机两侧端盖或轴承盖未装平 | (1) 更换轴承<br>(2) 过松时,轴与轴承包内套,应在轴承上镶套;过紧时,重新把轴加工到标准尺寸<br>(3) 调整油量或换油,润滑油的容量不宜超过轴承室容积的 2/3<br>(4) 调整皮带张力,校正联轴器传动装置<br>(5) 将端盖或轴承盖止口装平,旋紧螺丝 |
| 绕线转子异步电动机的转子滑环与电刷间火花过大 | (1) 电刷压力太小<br>(2) 滑环表面凹凸不平或有污垢<br>(3) 电刷在刷握内卡住 | (1) 调整弹簧压力<br>(2) 用"0"号砂纸磨光滑环,擦净污垢<br>(3) 磨小电刷并装正 |

# 课题六 单相异步电动机的应用

## ▷ 学习目标

- 了解单相异步电动机的特点和用途；
- 掌握单相异步电动机的工作原理和基本结构；
- 了解单相异步电动机的调速方法。

单相异步电动机是指用单相交流电源供电的异步电动机，功率一般从几瓦到几千瓦。由于单相异步电动机具有结构简单、成本低廉、噪声小、使用方便、运行可靠等优点，广泛用于工业、农业、医疗和家用电器等方面，如电风扇、洗衣机、电冰箱、空调等家用电器等。

单相异步电动机有多种类型，目前应用较多的有单相电容分相式异步电动机和罩极式异步电动机。

单相异步电动机不能自行起动，如果在定子上安放具有空间相差90°的两套绕组，然后通入相位相差90°的正弦交流电，就能像三相交流异步电动机那样产生旋转磁场，实现自行起动。

## 一、单相电容分相式异步电动机

### 1. 单相电容分相式异步电动机的结构

单相电容分相式异步电动机在结构上与三相笼型异步电动机类似，转子绕组也为一笼型转子。定子上嵌有两个在空间相差90°的单相绕组，一相绕组称为工作绕组；另一相绕组称为起动绕组，为了能产生旋转磁场，在起动绕组中还串联了一个电容器，其结构如图3-46所示。

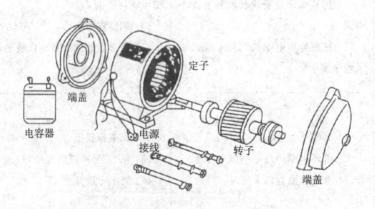

图3-46 电容分相式单相异步电动机结构示意图

**2. 单相电容分相式异步电动机的工作原理**

为了能产生旋转磁场，利用起动绕组中串联电容实现分相，其接线原理如图 3-47(a) 所示。只要合理选择参数便能使工作绕组中的电流 $i_1$ 与起动绕组中的电流 $i_2$ 相位相差 $90°$，如图 3-47(b) 所示。

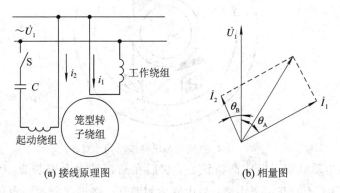

(a) 接线原理图        (b) 相量图

图 3-47  单相异步电动机结构示意图

设两个绕组中的电流分别为：

$$i_1 = I_{1m} \sin\omega t$$

$$i_2 = I_{2m} \sin(\omega t + 90°)$$

假设 1、2 分别为工作绕组和起动绕组的首端，1′、2′ 分别为工作绕组和起动绕组的尾端。规定电流瞬时值为正时，电流从绕组首端流入，尾端流出。如同分析三相绕组旋转磁场一样，将正交的两相电流通入空间相差 $90°$ 的两相绕组中，同样能产生旋转磁场，如图 3-48 所示。

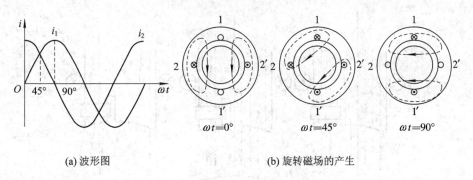

(a) 波形图                    (b) 旋转磁场的产生

图 3-48  单相异步电动机结构示意图

如果要改变单相异步电动机转向，只要交换工作绕组或起动绕组两端与电源的连接便可改变旋转磁场的方向，单相异步电动机转向随之改变。

单相电容分相式异步电动机起动到稳定运行后，起动绕组可以切除，也可以不切除，分别称为单相电容起动异步电动机、单相电容运转异步电动机。

## 二、罩极异步电动机

罩极异步电动机的结构有凸极式和隐极式两种，其中以凸极式结构最为常见，如图

3-49 所示。

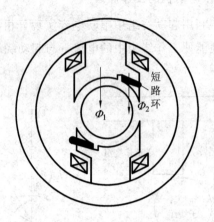

图 3-49  罩极异步电动机结构示意图

凸极式异步电动机定子做成凸极铁心，然后在凸极铁心上安装集中绕组，组成磁极，在每个磁极 1/3～1/4 处开一个小槽，槽中嵌放短路环，将小部分铁心罩住。转子均采用笼型结构。罩极异步电动机当定子绕组通入正弦交流电后，将产生交变磁通 $\dot{\Phi}$，其中一部分磁通 $\dot{\Phi}_1$ 不穿过短路环，另一部分磁通 $\dot{\Phi}_2$ 穿过短路环。由于短路环作用，当穿过短路环的磁通发生变化时，短路环必然产生感应电动势和感应电流，感应电流总是阻碍磁通变化，这就使穿过短路环部分的磁通 $\dot{\Phi}_2$ 滞后未罩部分的磁通 $\dot{\Phi}_1$，使磁场中心线发生移动。于是，罩极异步电动机内部产生了一个移动的磁场或扫描磁场，将其看成是椭圆度很大的旋转磁场，在该磁场作用下，罩极异步电动机将产生一个电磁转矩，使罩极异步电动机转子旋转。如图 3-50 所示。

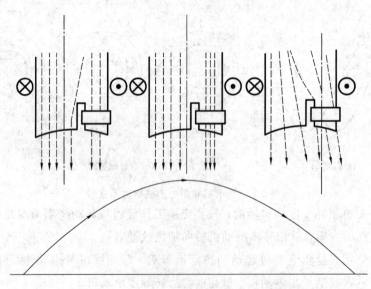

图 3-50  罩极异步电动机移动磁场示意图

由图 3-50 可以看，罩极异步电动机的转向总是从磁极的未罩部分向被罩部分移动，即转向不能改变。

罩极异步电动机的主要优点是结构简单、成本低、维护方便。但起动性能和运行性能较差，所以主要用于小功率电动机的空载起动场合，如电风扇等。

## 三、单相异步电动机的调速

单相异步电动机的调速方法主要有变频调速、晶闸管调速、串电抗器调速和抽头法调速等。变频调速设备复杂、成本高、很少采用。

### 1. 串电抗器调速

在单相异步电动机的电源线路中串联起分压作用的电抗器，通过调速开关选择电抗器绕组的匝数来调节电抗值，从而改变单相异步电动机两端的电压，达到调速的目的。图3-51为风扇串电抗器调速的电路图，改变电抗器的抽头连接可得到不同档次的转速。串电抗器调速，其优点是结构简单，容易调整调速比，但消耗的材料多，调速器体积大。

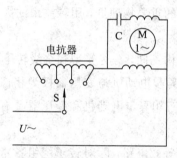

图3-51　串电抗器调速电路

### 2. 抽头法调速

如果将电抗器和单相异步电动机结合在一起，在单相异步电动机定子铁心上嵌入一个中间绕组（或称调速绕组），通过调速开关改变电动机气隙磁场的强弱，可达到调速的目的。图3-52为风扇抽头调速的电路图。

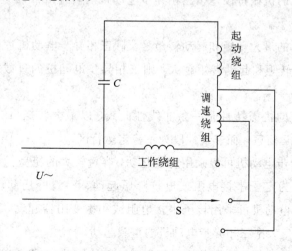

图3-52　抽头法调速电路

抽头法调速与串电抗器调速相比较，抽头法调速用料省、耗电少，但是绕组嵌线和接线比较复杂。

**3. 晶闸管调速**

利用改变晶闸管的导通角，来实现加在单相异步电动机上的交流电压的大小，从而达到调节单相异步电动机转速的目的，这种方法能实现无级调速，缺点是会产生一些电磁干扰。目前常用于吊式风扇的调速上。

# 内 容 小 结

三相异步电动机是靠电磁感应作用来工作的，其转子电流是感应产生的，故也称异步电动机为感应电动机。

转差率是三相异步电动机的重要物理量，用转差率的大小可区分三相异步电动机的运行状态。

三相异步电动机按转子结构不同，分为笼型和绕线转子异步电动机两种。

从电磁感应本质看，三相异步电动机与变压器极为相似。因此可以采用研究变压器的方法来分析三相异步电动机。三相异步电动机和变压器具有相同的等效电路形式，但两者之间存在显著差异。

为求得三相异步电动机的等效电路，除对转子绕组各量进行折算外，还须对转子频率进行折算。

三相异步电动机的电磁转矩和功率反映了能量传递过程中的功率分配。当三相异步电动机负载变化时，其转速、转矩、定子电流、定子功率因数和效率将随输出功率而变化，其关系曲线称为三相异步电动机的工作特性，这些特性可衡量三相异步电动机性能的优劣。

三相异步电动机的机械特性是指三相异步电动机的转速 $n$ 或转差率 $s$ 与电磁转矩 $T_{em}$ 的关系 $n=f(T_{em})$ 或 $T_{em}=f(s)$。

三相异步电动机的最大转矩和起动转矩是反映三相异步电动机过载能力和起动性能的两个重要指标，最大转矩和起动转矩越大，则三相异步电动机的过载能力越强，起动性能越好。

三相异步电动机的机械特性是一条非线性曲线，以最大转矩（或临界转差率）为分界点，其线性段为稳定运行区，而非线性段为不稳定运行区。

小容量的三相异步电动机可以采用直接起动，容量较大的笼型异步电动机可以采用降压起动。降压起动分为定子串接电阻或电抗降压起动、Y/△降压起动和自耦变压器降压起动。绕线转子异步电动机可采用转子串接电阻或频敏变阻器起动，其起动转矩大、起动电流小，它适用于中、大型三相异步电动机的重载起动。

三相异步电动机有三种制动状态：能耗制动、反接制动（电源两相反接和倒拉反转）和回馈制动。

三相异步电动机的调速方法有变极调速、变频调速和变转差率调速。

# 思考题与习题

3-1 简述三相异步电动机的工作原理,并解释"异步"的意义。

3-2 什么叫转差率? 三相异步电动机的额定转差率一般是多少? 起动瞬间的转差率是多少?

3-3 三相异步电动机的主要结构有哪几部分?

3-4 为什么三相异步电动机的定、转子铁心要用导磁性能良好的硅钢片制成? 空气气隙为什么必须很小?

3-5 三相异步电动机的额定电压、额定电流、额定功率的定义是什么?

3-6 三相异步电动机铭牌上标注的额定功率是输入功率还是输出功率? 是电功率还是机械功率?

3-7 一台额定电压 380 V、三角形连接的三相异步电动机,若误连成星形连接,并接到 380 V 的电源上,会有什么后果?

3-8 一台三相异步电动机的 $f_N = 50$ Hz,额定转速 $n_N = 1468$ r/min,求转差率 $S_N$。

3-9 一台三相异步电动机的额定功率 $P_N = 75$ kW,额定电压 $U_N = 380$ V,三角形连接,额定功率因数 $\cos\varphi_N = 0.89$,额定效率 $\eta_N = 92\%$,求三相异步电动机的额定电流。

3-10 在运行中,三相异步电动机能否在理想空载转速下运行? 理想空载时,空载电流等于零吗? 为什么?

3-11 简述三相异步电动机工作时的能量传递过程,负载增加时,定子电流是否会增加? 从空载到额定负载,主磁通是否会变化? 为什么?

3-12 频率折算应遵循的原则是什么?

3-13 三相异步电动机的电磁转矩与电源电压有何关系? 在额定负载下,电源电压降低对电动机的主磁通、转速、转子电流和定子电流有何影响?

3-14 何为三相异步电动机的机械特性? 改变三相异步电动机的机械特性方法有哪些?

3-15 说明三相异步电动机的过载倍数 $\lambda_m$、起动转矩倍数 $T_m$ 的意义。它们是否越大越好?

3-16 三相异步电动机空载运行时功率因数很低,为什么? 三相异步电动机为什么不能长期空载或轻载运行?

3-17 一台三相异步电动机,额定功率 $P_N = 7.5$ kW,额定电压 $U_N = 380$ V,额定转速 $n_N = 1440$ r/min,额定效率 $\eta_N = 0.87$,额定功率因数 $\cos\varphi_N = 0.88$,求三相异步电动机额定运行时的输入功率 $P_1$ 和额定电流 $I_N$。

3-18 一台 4 极三相异步电动机,额定功率 $P_N = 10$ kW,额定电压 $U_N = 380$ V,额定转速 $n_N = 955$ r/min,过载倍数 $\lambda_m = 2$,求:

（1）额定转差率；

（2）额定转矩；

（3）临界转差率。

3-19　根据三相异步电动机的运行特性，说明选择三相异步电动机时应注意的问题。

3-20　三相异步电动机的起动性能有哪些要求？有哪几种降压起动的方法？各自的特点是什么？

3-21　为什么三相异步电动机直接起动时的起动电流大，而起动转矩并不大？

3-22　绕线转子异步电动机转子回路串入电阻后为什么能减小起动电流，而增大起动转矩？

3-23　绕线转子异步电动机能不能使起动转矩等于最大转矩？采用什么方法实现？

3-24　绕线转子异步电动机，若转子开路，问能否起动？为什么？

3-25　三相异步电动机的调速方法有哪些？各自的特点是什么？

3-26　变极调速为什么是有级调速？变频调速时，三相异步电动机的同步转速有何变化？

# 项目四　控制电机的应用

## 课题一　伺服电动机的应用

### ▷学习目标

- 了解伺服电动机的结构、特点和用途；
- 了解伺服电动机的基本工作原理；
- 了解伺服电动机的控制方式。

控制电机是在普通旋转电机基础上产生的具有特殊功能的小型旋转电机。控制电机在控制系统中作为执行元件、检测元件和运算元件。从工作原理上看，控制电机和普通电机没有本质上的差异，但普通电机功率大，侧重于电机的起动、运行和制动等方面的性能指标，而控制电机输出功率较小，侧重于电机控制的精度和响应速度。

伺服电动机的作用是将输入的电压信号（即控制电压）转换成轴上的角位移或角速度输出，在自动控制系统中常作为执行元件，所以伺服电动机又称为执行电动机，其最大特点是：有控制电压时转子立即旋转，无控制电压时转子立即停转。转轴转向和转速是由控制电压的方向和大小决定的。伺服电动机分为直流和交流两大类。

### 一、交流伺服电动机

#### 1. 基本结构

交流伺服电动机的结构同一般异步电动机相似，主要可分为两大部分，即定子部分和转子部分。定子绕组是两相的，一相为励磁绕组 f，一相为控制绕组 c。通常控制相分成两个独立且相同的部分，它们可以串联或并联，供选择两种控制电压用。励磁绕组与控制绕组在空间相差 90°电角度，其外形结构如图 4-1 所示。交流伺服电动机就是两相异步电动机。

交流伺服电动机的转子通常采用以下两种结构形式：

（1）高电导率导条的笼型转子。它的结构与普通笼型异步电动机类似，但是为了减小转子的转动惯量，转子做得细而长。转子笼条和端环既可采用高电阻率的导电材料（如黄铜、青铜等）制造，也可采用铸铝转子。

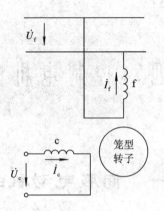

图 4-1 交流伺服电动机原理图

(2)非磁性空心杯型转子。非磁性空心杯型转子交流伺服电动机的结构如图 4-2 所示。定子部分由外定子和内定子两部分组成。外定子铁心槽中放置空间相距 90°电角度的两绕组，内定子铁心中不放绕组，仅作为电机磁路的一部分。在内、外定子之间有细长的空心转子装在转轴上，空心转子做成杯子形状，所以又称为空心杯型转子。

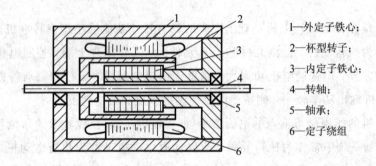

1—外定子铁心；
2—杯型转子；
3—内定子铁心；
4—转轴；
5—轴承；
6—定子绕组

图 4-2 非磁性空心杯型转子

非磁性空心杯型转子的主要特点是将铝或铜制成空心薄壁结构。与笼型转子相比较，非磁性空心杯型转子的优点是转子惯性小，运转平滑，无抖动现象，始动电压低；缺点是内、外定子间气隙较大，励磁电流大，利用率低，体积大，制造成本高。

笼型转子伺服电动机的优点较多，目前被广泛应用。只有在要求运转非常平稳的某些特殊场合下(如积分电路等)才采用非磁性空心杯型转子伺服电动机。

**2. 工作原理**

交流伺服电动机实际上是一种两相异步电动机。在没有控制电压时，气隙中只有励磁绕组产生的脉动磁场，转子上没有起动转矩而静止不动。当有控制电压且控制绕组电流和励磁绕组电流相位不相同时，则在气隙中产生一个旋转磁场并产生电磁转矩，使转子沿旋转磁场的方向旋转。但是对交流伺服电动机的要求不仅是在有控制电压时能起动，而且在电压消失后能立即停转。如果交流伺服电动机在控制电压消失后仍像一般单相异步电动机那样继续转动，则出现失控现象，这种因失控而自行旋转的现象称为自转。

为消除交流伺服电动机的自转现象，采取增大转子电阻 $r_2$ 的措施，这是因为当控制电压消失后，交流伺服电动机处于单相运行状态，若转子电阻很大，使临界转差率 $s_m > 1$，这时正序旋转磁场与转子作用所产生的转矩特性曲线为曲线 $1(T_{em}^+ - s^+)$，负序旋转磁场与转子作用所产生的转矩特性曲线为曲线 $2(T_{em}^- - s^-)$，合成转矩特性曲线为曲线 $3(T_{em} - s)$，如图 4-3 所示。由图中可看出，合成转矩的方向与交流伺服电动机旋转方向相反，是一个制动转矩，这就保证了当控制电压消失后转子仍转动时，交流伺服电动机将被迅速制动而停下。转子电阻加大后，不仅可以消除自转，还具有扩大调速范围、改善调节特性、提高反应速度等优点。

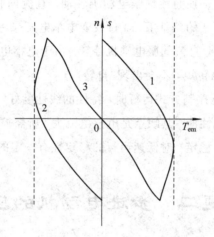

图 4-3　交流伺服电动机单相运行时的机械特性

### 3. 控制方法

交流伺服电动机不仅需要控制它的起动与停止，而且还需控制它的转速和转向。可采用下列三种方法来控制交流伺服电动机的转速高低及旋转方向：

(1) 幅值控制：保持控制电压与励磁电压间的相位差不变，仅改变控制电压的幅值。

(2) 相位控制：保持控制电压的幅值不变，仅改变控制电压与励磁电压间的相位差。

(3) 幅-相控制：同时改变控制电压的幅值和相位。

交流伺服电动机运行平稳，噪音小，但控制特性为非线性并且因转子电阻大而导致损耗大，效率低。与同容量直流伺服电动机相比其体积大，质量大，所以只适用于 $0.5 \sim 100$ W 的小功率自动控制系统中。

## 二、直流伺服电动机

### 1. 基本结构

直流伺服电动机的基本结构与普通他励直流电动机相同，所不同的是直流伺服电动机的电枢电流很小，换向不困难，因此不用装换向磁极，并且转子做得细长，气隙较小，磁路不饱和，电枢电阻较大。

直流伺服电动机按励磁方式不同，可分为电磁式和永磁式两种。电磁式直流伺服电动机的磁场由励磁绕组产生，一般用他励式；永磁式直流伺服电动机的磁场由永磁铁产生，无需励磁绕组和励磁电流，可减小体积和损耗。为了适应不同系统的需要，对电动机的结构做了许多改进，又发展了低惯量的无槽电枢、空心杯型电枢、印制绕组电枢和无刷直流伺服电动机等品种。

### 2. 工作原理

传统直流伺服电动机的基本工作原理与普通直流电动机完全相同，依靠电枢电流与气隙磁通的作用产生电磁转矩，使直流伺服电动机转动。直流伺服电动机通常采用电枢控制方式，即在保持励磁电压不变的条件下，通过改变电枢电压来调节转速。电枢电压越小，则转速越低；电枢电压为零时，直流伺服电动机停转。由于电枢电压为零时电枢电流也为零，直流伺服电动机不产生电磁转矩，不会出现"自转"。

直流伺服电动机在电枢控制方式运行时，特性的线性度好，调速范围大，效率高，起动转矩大，具有比较好的伺服性能。其缺点是电枢电流大，所需控制功率大，电刷和换向器维护工作量大，接触电阻不够稳定，对低速运行的稳定性有一定的影响。

# 课题二  步进电动机的应用

## 学习目标

- 了解步进电动机的结构、特点和用途；
- 了解步进电动机的基本工作原理。

步进电动机是将电脉冲信号转换成角位移或直线位移的控制电机，在自动控制系统中作执行元件。给步进电动机输入一个电脉冲信号时，它就转过一定的角度或移动一定的距离。由于其输出的角位移或直线位移可以不是连续的，因此称其为步进电动机。步进电动机的精度高、惯性小，不会因电压波动、负载变化、温度变化等原因而改变输出量与输入量之间的固定关系，其控制性能很好。步进电动机广泛用于数控机床、计算机外围设备等控制系统中。

## 一、步进电动机的分类

步进电动机的种类很多，主要有反应式、励磁式等。反应式步进电动机的转子上没有绕组，依靠变化的磁阻生成磁阻转矩工作。励磁式步进电动机的转子上有磁极，依靠电磁转矩工作。反应式步进电动机的应用最为广泛，它有两相、三相、多相之分，也有单段、多段之分。下面我们主要讨论单段式三相反应式步进电动机。

## 二、单段式三相反应式步进电动机

### 1. 基本结构

图 4-4 所示为单段三相反应式步进电动机的结构示意图。其定子、转子铁心由软磁材料或硅钢片叠成凸极结构,定子、转子磁极上均有小齿,定子、转子的齿数相等。定子磁极上套有星形连接的三相控制绕组,每两个相对的磁极为一相,转子上没有绕组。

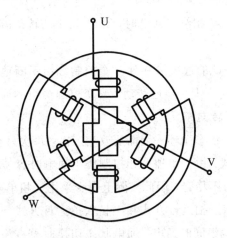

图 4-4 三相反应式步进电动机的结构示意图

### 2. 工作原理

单段三相反应式步进电动机的工作原理可以由图 4-5 来说明。

(a) U 相通电      (b) V 相通电      (c) W 相通电

图 4-5 单段三相反应式步进电动机的工作原理

现以 U→V→W→U 的通电顺序,使三相绕组轮流通入直流电流,观察转子的运动情况。

当 U 相绕组通电时,气隙中生成以 U-U 为轴线的磁场。在磁阻转矩的作用下,转子转到使 1、3 两转子齿与磁极 U-U 对齐的位置上。如果 U 相绕组不断电,1、3 两转子齿就一直被磁极 U-U 吸引住而不改变其位置,即转子具有自锁能力。

U 相绕组断电、V 相绕组通电时,气隙中生成以 V-V 为轴线的磁场。在磁阻转矩的作用下,转子又会转动,使距离磁极 V - V 最近的 2、4 两转子齿转到与磁极 V - V 对齐的位置上。转子转过的角度为

$$\theta_b = \frac{360°}{Z_r N} = \frac{360°}{4 \times 3} = 30° \tag{4-1}$$

式中:$\theta_b$——步距角,即控制绕组改变一次通电状态后转子转过的角度;

$Z_r$——转子齿数;

$N$——拍数,即通电状态循环一周需要改变的次数。

同理,V 相绕组断电,W 相绕组通电时,会使 3、1 两转子齿与磁极 W - W 对齐,转子又转过 30°。

可见,以 U→V→W→U 的通电顺序使三个控制绕组不断地轮流通电时,步进电动机的转子就会沿 UVW 的方向一步一步地转动。改变控制绕组的通电顺序,如改为 U→W→V→U 的通电顺序,则转子转向相反。

以上通电方式中,通电状态循环一周需要改变三次,每次只有单独一相控制绕组通电,称之为三相单三拍运行方式。由于单独一相控制绕组通电时容易使转子在平衡位置附近来回摆动——振荡,会使运行不稳定,因此实际上很少采用三相单三拍的运行方式。

除此之外,还有三相双三拍运行方式和三相六拍运行方式。三相双三拍运行方式的每个通电状态都有两相控制绕组同时通电,通电状态切换时总有一相绕组不断电,不会产生振荡。图 4 - 6 是通电顺序为 UV→VW→WU→UV 的三相双三拍运行方式示意图。U、V 两相通电时,两磁场的合成磁场轴线与未通电的 W - W 相绕组轴线重合,转子在磁阻转矩的作用下,转动到使转子齿 2、3 之间的槽轴线与 W - W 相绕组轴线重合的位置上。当 V、W 两相通电时,转子转到使转子齿 3、4 之间的槽轴线与 U - U 相绕组轴线重合的位置,转子转过的角度为 30°。同理,W、U 两相通电时,转子又转过 30°。可见,双三拍运行方式和单三拍运行方式的原理相同,步距角也相同。

(a) U、V相通电　　　　　(b) V、W相通电　　　　　(c) W、U相通电

图 4 - 6　三相双三拍反应式步进电动机的工作原理

三相六拍运行方式的通电顺序为 U→UV→V→VW→W→WU→U,其原理与单三拍、双三拍运行方式的原理相同。只是其通电状态循环一周需要改变的次数增加了一倍($N = 6$),其步距角因此减为原来的一半($\theta_b = 15°$)。

步距角一定时，通电状态的切换频率越高，即脉冲频率越高，步进电动机的转速越高。脉冲频率一定时，步距角越大，即转子旋转一周所需的脉冲数越少，步进电动机的转速越高。步进电动机的转速为

$$n = \frac{60f}{NZ_r} \tag{4-2}$$

式中：$f$——脉冲频率；

$NZ_r$——转子旋转一周所需的脉冲数。

# 内 容 小 结

伺服电动机在自动控制系统中作为执行元件使用，改变其控制电压的大小和极性，即可以相应地改变其转速的大小和旋转的方向。伺服电动机有交流、直流两种形式。交流伺服电动机有幅值、相位、幅-相三种控制方式，可以通过加大转子电阻的方法消除"自转"现象。直流伺服电动机通过调节电枢电压来控制转速，无"自转"现象。

步进电动机可以将电脉冲信号转换为角位移，其步距角和转速不受电压波动、负载变化、温度变化等因素的影响，精度很高且其误差不会积累，常用于要求较高的自动控制系统中。

# 思考题与习题

4-1 伺服电动机的作用是什么？

4-2 简述直流伺服电动机的基本结构和工作原理。

4-3 简述交流伺服电动机的基本结构和工作原理。

4-4 什么是交流伺服电动机的自转现象？如何避免自转现象？

4-5 交流伺服电动机的控制方式有哪些？

4-6 步进电动机的作用是什么？

4-7 什么叫步进电动机的步距角？步距角的大小由哪些因素决定？

# 项目五　常用低压电器

## 课题一　低压电器的基本知识

### ◇学习目标

- 了解常用低压电器元件及其功能；
- 了解常用低压电器元件工作原理；
- 能根据需要选择和使用低压电器。

电气控制广泛应用于工业生产和民用建筑领域中，如机械传动、自动化生产线、风机、水泵控制等。电气控制所涉及的内容主要包括电器元件和控制电路。电器分为高压电器和低压电器。低压电器一般是指频率在交流 50 Hz、额定电压 1200 V、直流额定电压 1500 V 及以下的电路中起通断、保护、控制或调节作用的电器产品。在大多数用电行业及人们的日常生活中一般都使用低压设备，采用低压供电。而低压供电的输送、分配和保护，以及设备的运行和控制是靠低压电器来实现的，因此低压电器的应用十分广泛，直接影响低压供电系统和控制系统的质量。本部分内容主要介绍用于电力拖动及控制系统领域中的常用低压电器及基本控制线路。

## 一、低压电器的基本知识

低压电器是构成控制系统最常用的器件，了解它的分类、作用和用途，对设计、分析和维护控制系统都是十分必要的。

### 1. 低压电器的分类

电器的用途广泛，功能多样，种类繁多，结构各异，工作原理也各有不同。电器有多种分类方法：按工作电压的等级可分为高压电器和低压电器；按动作原理可分为手动电器（依靠外力直接操作类进行切换的电器，如：刀开关、按钮等）和自动电器（依靠指令或物理量变化而自动动作的电器，如交流接触器、继电器）；按工作原理可分为电磁式电器和非电量控制电器；按执行机理分为有触点电器和无触点电器。实际中，低压电器多按用途分类，多分为以下几类。

1) 配电电器

配电电器主要用于供、配电系统中电能的输送和分配。这类电器有刀开关、断路器、隔离开关、转换开关以及熔断器等。对这类电器的主要技术要求是分断能力强，限流效果好，动稳定及热稳定性能好。

2）控制电器

控制电器主要用于各种控制电路和控制系统。这类电器有接触器、继电器、转换开关、电磁阀等。这类电器的主要技术要求是有一定的通断能力，操作频率要高，电器和机械寿命要长。

3）主令电器

主令电器主要用于发送控制指令。这类电器有按钮、主令开关、行程开关和万能转换开关等。对这类电器的主要技术要求是操作频率要高，抗冲击，电器和机械寿命要长。

4）保护电器

保护电器主要用于对电路和电气设备进行安全保护。这类低压电器有熔断器、热继电器、安全继电器、电压继电器、电流继电器和避雷器等。对这类电器的主要技术要求是有一定的通断能力，反应要灵敏，可靠性要高。

5）执行电器

执行电器主要用于执行某种动作和传动功能。这类低压电器有电磁铁、电磁离合器等。随着电子技术和计算机技术的进步，近几年又出现了利用集成电路或电子元件构成的电子式电器，利用单片机构成的智能化电器，以及可直接与现场总线连接的具有通信功能的电器。

**2. 电器的作用**

电器是构成控制系统的最基本元件，它的性能将直接影响控制系统能否正常工作。电器能够依据操作信号或外界现场信号的要求，自动或手动地改变系统的状态、参数，实现对电路或被控对象的控制、保护、测量、指示、调节。它的工作过程是将一些电量信号或非电信号转变为非通即断的开关信号或随信号变化的模拟量信号，实现对被控对象的控制。电器的主要作用如下。

（1）控制作用。如控制电梯的上下移动、快慢速自动切换与自动停层等。

（2）保护作用。根据设备的特点，对设备、环境以及人身安全实行自动保护，如电动机的过热保护、电网的短路保护、漏电保护等。

（3）测量作用。利用仪表及与之相适应的电器，对设备、电网中的电参数或其他非电参数进行测量，如测量电流、电压、功率、转速、温度、压力等。

（4）调节作用。对一些电量和非电量进行调整，以满足用户的要求，如电动机速度的调节、柴油机油门的调整、房间温度和湿度的调节、光照度的自动调节等。

（5）指示作用。利用电器的控制、保护等功能，显示检测出的设备运行状况与电气电路工作情况。

（6）转换作用。在用电设备之间转换或对低压电器、控制电路分时投入运行，以实现功能切换，如被控装置操作的手动与自动的转换、供电系统的市电与自备电源的切换等。

当然，电器的作用远不止这些，随着科学技术的发展，新功能、新设备会不断出现。常用低压电器的主要种类及用途见表 5-1。

表 5-1 常用低压电器的主要种类及用途

| 序号 | 类　别 | 主要品种 | 主　要　用　途 |
|---|---|---|---|
| 1 | 断路器 | 框架式断路器 | 主要用于电路的过负载、短路、欠电压、漏电保护，也可用于不需要频繁接通和断开的电路 |
| | | 塑料外壳式断路器 | |
| | | 快速直流断路器 | |
| | | 限流式断路器 | |
| | | 漏电保护式断路器 | |
| 2 | 接触器 | 交流接触器 | 主要用于远距离频繁控制负载，切断带负荷电路 |
| | | 直流接触器 | |
| 3 | 继电器 | 电磁式继电器 | 主要用于控制电路中，将被控量转换成控制电路所需电量或开关信号 |
| | | 时间继电器 | |
| | | 温度继电器 | |
| | | 热继电器 | |
| | | 速度继电器 | |
| | | 干簧继电器 | |
| 4 | 熔断器 | 瓷插式熔断器 | 主要用于电路短路保护，也用于电路的过载保护 |
| | | 螺旋式熔断器 | |
| | | 有填料封闭管式熔断器 | |
| | | 无填料封闭管式熔断器 | |
| | | 快速熔断器 | |
| | | 自复式熔断器 | |
| 5 | 主令电器 | 控制按钮 | 主要用于发布控制命令，改变控制系统的工作状态 |
| | | 位置开关 | |
| | | 万能转换开关 | |
| | | 主令控制器 | |
| 6 | 刀开关 | 开启式负荷开关 | 主要用于不频繁地接通和分断电路 |
| | | 封闭式负荷开关 | |
| | | 熔断器式刀开关 | |

続表

| 序号 | 类　别 | 主要品种 | 主 要 用 途 |
|---|---|---|---|
| 7 | 转换开关 | 组合开关 | 主要用于电源切换，也可用于负荷通断或电路切换 |
| | | 换向开关 | |
| 8 | 控制器 | 凸轮控制器 | 主要用于控制回路的切换 |
| | | 平面控制器 | |
| 9 | 起动器 | 电磁起动器 | 主要用于电动机的起动 |
| | | 星/三角起动器 | |
| | | 自耦减压起动器 | |
| 10 | 电磁铁 | 制动电磁铁 | 主要用于起重、牵引、制动等场合 |
| | | 起重电磁铁 | |
| | | 牵引电磁铁 | |

**3. 低压电器的基本结构特点**

低压电器一般都有两个基本部分：一是感测部分，它感测外界的信号，作出有规律的反应，在自控电器中，感测部分大多由电磁机构组成，在手控电器中，感测部分通常为操作手柄等；另一个是执行部分，例如触头是根据指令进行电路的接通或切断的。

## 二、绘制电气控制线路

电气控制线路图是工程技术的通用语言，为了便于交流与沟通，各种电器元件的图形、文字符号必须符合国家的标准。为了便于掌握引进技术和先进设备，便于国际交流和满足国际市场的需要，国家标准化管理委员会参照国际电工委员会(IEC)公布的有关文件，制定了我国电气设备有关国家标准。表5-2列出了常用电气图形、文字符号表，以供参考。

**1. 图形符号**

图形符号通常是指用于图样或其他表示一个设备概念的图形、标记或字符。图形符号由符号要素、一般符号及限定符号构成。

(1) 符号要素。符号要素是一种具有确定意义的简单图形，必须同其他图形组合才能构成一个设备或概念的完整符号。例如，三相绕线转子异步电动机是由定子、转子引线等几个符号要素构成的，这些符号要求有确切的含义，但一般不能单独使用，其布置也不一定与符号所表示设备的实际结构相一致。

(2) 一般符号。用于表示同一类产品和此类产品特性的一种简单符号，是各类元器件的基本符号。例如，一般电阻器、电容器和具有一般单向导电性的二极管的符号。一般符号不但广义上代表各类元器件，也可以表示没有附加信息或功能的具体元件。

(3) 限定符号。限定符号是用以提供附加信息的一种加在其他符号上的符号。例如，在电阻器一般符号的基础上，加上不同的限定符号就可以组成可变电阻器、光敏电阻器、热敏电阻器等具有不同功能的电阻器。也就是说使用限定符号以后可以使图形符号具有多样性。

限定符号一般不能单独使用。一般符号有时也可以作为限定符号。例如，电容器的一般符号加到二极管的一般符号上就构成变容二极管的符号。

图形符号应注意以下几点：

（1）所有符号均应表示无电压、无外力作用的正常状态（常态）。例如，在按钮未按下、刀开关未合闸等。

（2）在图形符号中，某些设备元件有多个图形符号，在选用时，应选用优选形。在能够表达其含义的情况下，尽可能采用最简单形式，在同一图中使用时，应采用同一形式。图形符号的大小和线条的粗细应基本一致。

（3）为适应不同需求，可将图形符号根据需要放大或缩小，但各符号相互间的比例应该保持不变。图形符号绘制时方位不是强制的，在不改变符号本身含义的前提下，可将图形符号根据需要旋转或镜像放置。

（4）图形符号中的导线符号可以用不同宽度的线条表示，以突出和区分某些电路或连接线。一般常将电源或主信号导线用加粗的实线表示。

**2. 文字符号**

电器图中的文字符号用于标明电器设备、装置和元器件的名称、功能、状态和特征，可在电器设备、装置和元器件的图形符号上或其近旁使用，分为表明电器设备、装置和元器件种类的字母代码和功能字母代码。电器技术中的文字符号分为基本文字符号和辅助文字符号。

（1）基本文字符号。基本文字符号分为单字母符号和双字母符号两种。

单字母符号是用拉丁字母将各种电器设备、装置和元器件划分为 23 大类，每一类用一个字母表示。例如，"R"代表电阻器，"M"代表电动机，"C"代表电容器等。

双字母符号是由一个代表种类的单字母符号与另一字母组成的，并且是单字母符号在前，另一字母在后。双字母中在后的字母通常选用该类设备、装置和元器件的英文名词的首字母，这样，双字母符号可以较详细和更具体地描述电器设备、装置和元器件的名称。例如"RP"代表电位器，"RT"代表热敏电阻，"MD"代表直流电动机，"MC"代表笼型异步电动机。

（2）辅助文字符号。辅助文字符号是用以表示电器设备、装置和元器件以及线路的功能、状态和特征的，通常也是由英文单词的前一两个字母构成的。例如，"DC"代表直流，"IN"代表输入，"S"代表信号。

辅助文字符号一般放在单字母文字符号后面，构成组合双字母符号。例如，"Y"是电器操作机械装置的单字母符号，"B"代表制动的辅助文字符号，"YB"代表制动电磁铁的组合符号。辅助文字符号也可单独使用。例如，"ON"代表闭合，"N"代表中性线。

主电路标号由文字符号和数字组成。文字符号用以标明主电路的元器件或线路的主要特征；数字标号用以区别电路不同线段。三相交流电源引入线采用 L1、L2、L3 标号，电源开关之后的三相交流电源主电路分别标 U、V、W。

控制电路由 3 位以上的数字组成，交流控制电路的标号一般以主要压降元件（如电器元件线圈）为分界，左侧用奇数标号，右侧是偶数标号。直流控制电路中正极按奇数标号，负极按偶数标号。

## 表 5－2　常用电气图形、文字符号表

| 类别 | 名称 | 图形符号 | 文字符号 | 类别 | 名称 | 图形符号 | 文字符号 |
|---|---|---|---|---|---|---|---|
| 开关 | 单极控制开关 | | SA | 位置开关 | 常开触头 | | SQ |
| | 手动开关一般符号 | | SA | | 常闭触头 | | SQ |
| | 三极控制开关 | | QS | | 复合触头 | | SQ |
| | 三极隔离开关 | | QS | 按钮 | 常开按钮 | | SB |
| | 三极负荷开关 | | QS | | 常闭按钮 | | SB |
| | 组合旋钮开关 | | QS | | 复合按钮 | | SB |
| | 低压断路器 | | QF | | 急停按钮 | | SB |
| | 控制器或操作开关 | | SA | | 钥匙操作式按钮 | | SB |

| 类别 | 名称 | 图形符号 | 文字符号 | 类别 | 名称 | 图形符号 | 文字符号 |
|---|---|---|---|---|---|---|---|
| 接触器 | 线圈操作器件 | | KM | 热继电器 | 热元件 | | FR |
| | 常开主触头 | | KM | | 常闭触头 | | FR |
| | 常开辅助触头 | | KM | 中间继电器 | 线圈 | | KA |
| | 常闭辅助触头 | | KM | | 常开触头 | | KA |
| 时间继电器 | 通电延时（缓吸）线圈 | | KT | | 常闭触头 | | KA |
| | 断电延时（缓放）线圈 | | KT | 电流继电器 | 过电流线圈 | $I>$ | KA |
| | 瞬时闭合的常开触头 | | KT | | 欠电流线圈 | $I<$ | KA |
| | 瞬时断开的常闭触头 | | KT | | 常开触头 | | KA |
| | 延时闭合的常开触头 | 或 | KT | | 常闭触头 | | KA |

| 类别 | 名称 | 图形符号 | 文字符号 | 类别 | 名称 | 图形符号 | 文字符号 |
|---|---|---|---|---|---|---|---|
| 时间继电器 | 延时断开的常闭触头 | | KT | 电压继电器 | 过电压线圈 | | KV |
| | 延时闭合的常闭触头 | | KT | | 欠电压线圈 | | KV |
| | 延时断开的常开触头 | | KT | | 常开触头 | | KV |
| 电磁操作器 | 电磁铁的一般符号 | | YA | | 常闭触头 | | KV |
| | 电磁吸盘 | | YH | 电动机 | 三相笼型异步电动机 | | M |
| | 电磁离合器 | | YC | | 三相绕线转子异步电动机 | | M |
| | 电磁制动器 | | YB | | 他励直流电动机 | | M |
| | 电磁阀 | | YV | | 并励直流电动机 | | M |
| 非电量控制的继电器 | 速度继电器常开触头 | | KS | | 串励直流电动机 | | M |
| | 压力继电器常开触头 | | KP | 熔断器 | 熔断器 | | FU |

| 类别 | 名称 | 图形符号 | 文字符号 | 类别 | 名称 | 图形符号 | 文字符号 |
|---|---|---|---|---|---|---|---|
| 发电机 | 发电机 | | G | 变压器 | 单相变压器 | | TC |
| | 直流测速发电机 | | TG | | 三相变压器 | | TM |
| 灯 | 信号灯(指示灯) | | HL | 互感器 | 电压互感器 | | TV |
| | 照明灯 | | EL | | 电流互感器 | | TA |
| 接插器 | 插头和插座 | 或 | X 插头 XP 插座 XS | | 电抗器 | | L |

**3. 电气图的分类与作用**

电气控制系统是由电气设备及电气元件按照一定的控制要求连接而成。各类电气控制设备有着各种各样的控制系统，这些控制系统都是由基本电路组成，在分析控制系统原理和故障分析时，一般都是从这些基本电路着手。因此，掌握电气控制系统的基本电路，对整个电气控制系统工作原理分析及维修有很大的帮助。

为了清晰表达生产机械电气控制系统的工作原理，便于系统的安装、调试、使用和维修，将电气控制系统中的各电器元件用一定的图形符号和文字符号来表示，再将其连接情况用一定的图形表达出来，这种图形就是电气控制图，简称电气图。

电气图是用电气图形绘制的图，用来描述电气控制设备结构、工作原理和技术要求，它必须采用符合国家电气制图标准及国际电工委员会(IEC)颁布的有关文件要求，用统一标准的图形符号、文字符号及规定的画法绘制。

**4. 电气图的分类**

电气图包括电气原理图、电气安装图、电气互连图等。

1) 电气原理图

电气原理图是说明电气设备工作原理的图。电气原理图应遵循简单、清晰的原则，采用电气元器件展开形式来绘制的，它不按电气元件的实际位置来画，也不反映电气元件的大小、安装位置及实际连线情况，只是把各元件按接线顺序用符号展开在平面图上，用直线将各元件连接起来，适用于分析研究电路的工作原理，且作为其他电气图的依据在设计部门和生产现场得到广泛应用。图 5－1 为三相笼型异步电动机控制电气原理图。

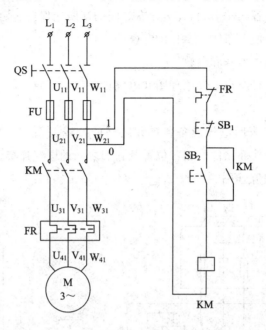

图 5－1　三相笼型异步电动机控制电气原理图

在阅读和绘制电气原理图时应注意以下几点：

（1）电气原理图中各元器件的文字符号和图形符号必须按标准绘制和标注。同一电器的所有元件必须用同一文字符号标注。

（2）电气原理图应按功能来组合，同一功能的电气相关元件应画在一起，但同一电器的各部件不一定画在一起。电路应按动作顺序和信号流程自上而下或自左向右排列。

（3）电气原理图分主电路和控制电路，一般主电路在左侧，控制电路在右侧。

（4）电气原理图中各电器应该是未通电或未动作的状态，二进制逻辑元件应是置零的状态，机械开关应是循环开始的状态，即按电路"常态"画出。

2）电气安装图

电气安装图表示各种电气设备在机械设备和电气控制柜中的实际安装位置。图中提供了电气设备各个单元的布局和安装工作所需数据。例如，电动机要和被拖动的机械装置在一起，行程开关应画在获取信息的地方，操作手柄应画在便于操作的地方，一般电气元件应放在电气控制柜中。三相笼型异步电动机控制线路电气安装图如图 5－2 所示。

在阅读和绘制电气安装图时应注意以下几点：

（1）按电气原理图要求，应将动力、控制和信号电路分开布置，并各自安装在相应的位置，以便于操

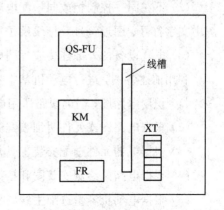

图 5－2　三相笼型异步电动机控制
线路电气安装图

作和维护。

（2）电气控制柜中各元件上、下、左、右之间的连线应保持一定间距，并且应考虑元件的发热和散热因素，应便于布线、接线和检修。

（3）给出部分元器件型号和参数。

（4）图中的文字符号应与电气原理图和电气设备清单一致。

3）电气互连图

电气互连图是用来表明电气设备各单元之间的接线关系，一般不包括单元内部的连接，着重表明电气设备外部元件的相对位置及它们之间的电气连接。图 5-3 为三相笼型异步电动机控制线路电气互连图。

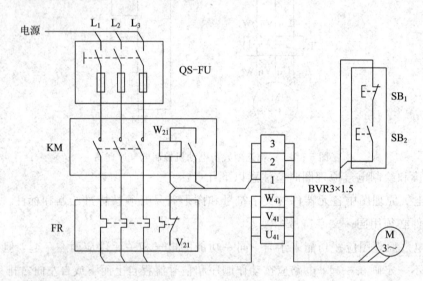

图 5-3　三相笼型异步电动机控制线路电气互连图

在阅读和绘制电气互连图时注意以下几点：

（1）外部单元同一电器的各部件画在一起，其布置应该尽量符合电器的实际情况。

（2）不在同一控制柜或同一配电屏上的各电气元件的连接，必须经过接线端子板进行。图中文字符号、图形符号及接线端子板编号，应与电气原理图相一致。

（3）电气设备的外部连接应标明电源的引入点。

利用前述各图，进行电动机基本控制线路安装的步骤如下：

（1）识读电路图，明确线路所用电器元件及其作用，熟悉线路的工作原理。

（2）根据电路图或元件明细表配齐电器元件，并进行检验。

（3）根据电器元件选配安装工具盒控制板。

（4）根据电路图绘制安装图和接线图，然后按要求在控制板上固装元件。

（5）根据电动机容量选配主线路导线的截面。控制电路导线一般采用截面为 $1\ mm^2$ 的铜芯线，按钮线一般采用截面为 $0.75\ mm^2$ 的铜芯线，接地线一般采用截面不小于 $1.5\ mm^2$ 的铜芯线。

（6）根据接线图接线，同时将剥去绝缘层的两端线头，套上标有与接线图相一致的编码套管。

（7）安装电动机。

（8）连接电动机和所有电气元件金属外壳的保护接地线。

（9）连接电源、电动机等控制板外部的导线。

（10）自检。

（11）交验。

（12）通电试车。

**例 5 - 1**  认识三相笼型异步电动机连续运转控制线路的电气原理图，如图 5 - 4 所示。

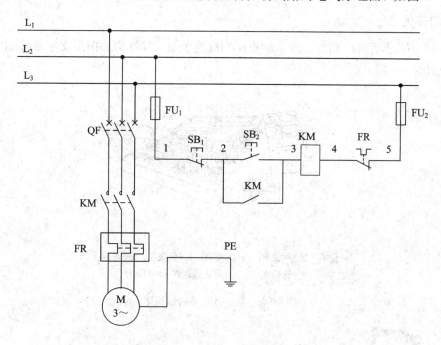

图 5 - 4  三相笼型异步电动机连续运转控制线路的电气原理图

# 课题二  低压开关、按钮和低压断路器

## 学习目标

- 了解低压开关、按钮和低压断路器及其功能；
- 了解低压开关、按钮和低压断路器工作原理；
- 能根据需要选择和使用低压开关、按钮和低压断路器。

开关是最为普通的电器之一，其作用是分合电路，开断电流。常用的开关有刀开关、隔离开关、负荷开关、转换开关、组合开关、空气断路器等。

开关可分为有载运行操作、无载运行操作、选择性运行操作三种；也可分为正面操作和背面操作的开关；还可分为带灭弧开关和不带灭弧开关。开关刀口接触有面接触和线接触两种，线接触形式的刀口开关，刀片易插入，接触电阻小，制造方便。开关中常采用弹簧片，以保证接触良好。

# 一、低压开关

低压开关也称低压隔离器。低压开关是低压电器中结构比较简单、价格低廉、应用较广的一类电器，常用于照明电路的电源开关，主要用于隔离电源，也可用来非频繁地接通和分断容量较小的低压配电电器。

## 1. 刀开关

刀开关由操作手柄、熔丝、触刀触点座和底座组成，其结构和图形文字符号如图 5-5、图 5-6 和图 5-7 所示。

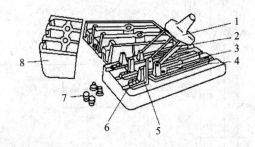

1—瓷柄；2—动触头；3—出线座；4—瓷底座；5—静触头；
6—进线座；7—胶盖紧固螺钉；8—胶盖

图 5-5　塑壳刀开关的结构图

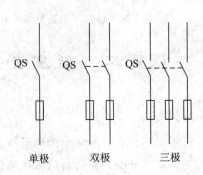

图 5-6　熔断器式刀开关　　　　图 5-7　刀开关的图形及文字符号

在使用时，进线座接电源端的进线，出线座接负载端导线，靠触刀与触点座的分合来接通和分断电路。塑壳使电弧不致飞出灼伤操作人员，防止极间电弧造成电源短路。熔丝起短路保护作用。

安装刀开关时，合上开关时手柄在上方，不得倒装或平装。倒装时手柄有可能因自重下滑而引起误合闸，造成安全事故。接线时，将电源线接在熔丝上端，负载线接在熔丝下端，拉闸后刀开关与电源隔离，便于更换熔丝。HK2 系列刀开关的技术数据见表 5-3。

表 5-3　HK2 系列刀开关的技术数据

| 额定电压/V | 额定电流/A | 极数 | 熔体极限分断能力/A | 控制电动机最大容量/kW | 机械寿命/次 | 电气寿命/次 |
|---|---|---|---|---|---|---|
| 250 | 10 | 2 | 500 | 1.1 | 10 000 | 2000 |
| | 15 | | 500 | 1.5 | | |
| | 30 | | 1000 | 3.0 | | |
| 500 | 15 | 3 | 500 | 2.2 | 10 000 | 2000 |
| | 30 | | 1000 | 4.0 | | |
| | 60 | | 1000 | 5.5 | | |

**2. 刀开关的选择**

（1）结构形式的选择：应根据刀开关的作用和装置的安装形式来选择是否带灭弧装置。如开关用于分断负载电流时，应选择带灭弧装置的刀开关。可根据装置的安装形式来选择正面、背面、侧面操作形式，以及是直接操作还是杠杆操作，是板前接线还是板后接线的结构形式。

（2）额定电流的选择：一般应等于或大于所分断电路中各个负载电流的总和。对于电动机负载，应考虑其起动电流，所以应选额定电流大一级的刀开关。若考虑电路出现的短路电流，还应选择额定电流更大一级的刀开关。

## 二、低压断路器

低压断路器过去称为自动空气开关，为了与 IEC 标准一致，故改用此名。它是一种既有手动开关作用，又能进行自动失压、欠压、过载和短路保护的电器，应用极为广泛。

低压断路器可用来分配电能、不频繁地起动异步电动机、对异步电动机及电源线路进行保护，当它们发生严重过载、短路或欠电压等故障时能自动切断电源，其功能相当于熔断式断路与过流、过压、热继电器等的组合，而且在分断故障电流后，一般不需要更换零部件。

**1. 低压断路器的工作原理**

低压断路器工作原理图如图 5-8 所示，图形及文字符号如图 5-9 所示。

低压断路器的主触头 1 靠手动或自动合闸。主触头 1 闭合后，自由脱扣机构 2 将主触头锁在合闸位置上，过电流脱扣器 3 的线圈和电源并联。当电路发生短路或严重过载时，过电流脱扣器 3 的衔铁吸合，使自由脱扣机构 2 动作，主触头 1 断开主电路。当电路过载时，热脱扣器 5 的热元件发热使双金属片上弯曲，推动自由脱扣机构 2 动作。当电路欠电

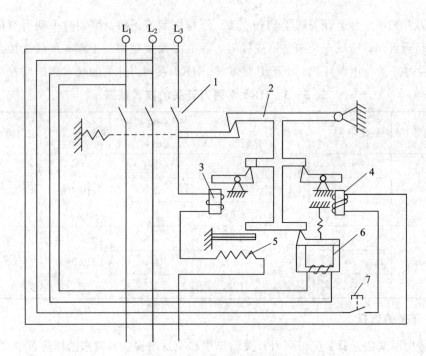

1—主触头；2—自由脱扣机构；3—过电流脱扣器；4—分励脱扣器；
5—热脱扣器；6—欠电压脱扣器；7—停止按钮

图 5-8　低压断路器工作原理图

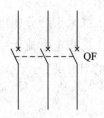

图 5-9　低压断路器的图形及文字符号

压时，欠电压脱扣器 6 的衔铁释放，也使自由脱扣机构动作。分励脱扣器 4 则作为远距离控制用，在正常工作时，其线圈是断电的。在需要远距离控制时，按下停止按钮 7，使线圈得电，衔铁带动自由脱扣机构动作，使主触头断开。

**2. 低压断路器的类型**

（1）万能式低压断路器。又称开启式低压断路器。容量较大，具有较高的短路分断能力和较高的动稳定性。适用于交流 50 Hz、额定电压 380 V 的配电网中作为配电干线的主保护。主要型号有 DW10 和 DW15 两个系列。DW15 系列万能式断路器如图 5-10 所示。

（2）装置式低压断路器。装置式低压断路器又称塑料外壳式低压断路器，其内装触头系统、灭弧室及脱钩器等，有手动和电动合闸方式，适用于配电网的保护和电动机、照明电路及电热器等的控制开关。主要型号有 DZ5、DZ10 和 DZ20 等系列。DZ 系列小型低压断路器如图 5-11 所示。

图 5-10　DW15 系列万能式断路器

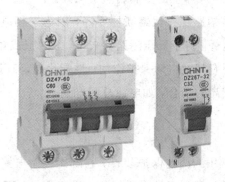

图 5-11　DZ 系列小型低压断路器

（3）快速断路器。具有快速电磁铁和强有力的灭弧装置，最快动作时间可在 0.02 s 以内，用于半导体整流元件和整流装置的保护。主要型号有 DS 系列。

（4）限流断路器。利用短路电流产生的巨大吸力，使触点迅速断开，能在交流短路电流尚未达到峰值之前就把故障电路切断，用于短路电流相当大（高达 70 kA）的电路中。主要型号有 DWX15 和 DZX10 两种系列。

（5）智能化断路器。目前国产的智能化断路器有框架式和塑料外壳式两种。前者主要用作智能化自动配电系统中的主断路器，后者主要用于配电网中分配电能和作为电路及电源设备的控制和保护。智能化断路器的控制核心采用了微处理器或单片机技术，不仅具有普通断路器的各种保护功能，同时还具有实时显示电路中的电气参数（电流、电压、功率、功率因数等），对电路进行在线监视、自动调节、测量、试验、自诊断和通信等功能，能够对各种保护功能的动作参数进行显示、设定和修改，还能够存储保护电路动作时的故障参数以便查询。

**3. 低压断路器的选择**

选择低压断路器时应注意以下几方面：

（1）低压断路器的额定电流和额定电压应大于或等于线路、设备的正常工作电压和工作电流。

（2）低压断路器的极限分断能力应大于或等于电路最大短路电流。

（3）欠电压脱扣器的额定电压等于线路的额定电压。

（4）过电流脱扣器的额定电流大于或等于线路的最大负载电流。

**4．使用低压断路器的注意事项**

（1）低压断路器投入使用时应先进行整定，按照要求整定热脱扣器的动作电流，整定后不应随意旋动有关的螺丝和弹簧。

（2）在安装低压断路器时，应注意把来自电源的母线接到开关灭弧罩一侧的端子上。

（3）在正常情况下，每 6 个月应对开关进行一次检修，清除灰尘。

（4）发生断、短路事故的动作后，应立即对触点进行清理，检查有无熔坏，清除金属熔粒、粉尘，特别要把散落在绝缘体上的金属粉尘清除掉。

使用低压断路器来实现短路保护比熔断器要好，因为三相电路短路时，很可能只有一相熔断器熔断，造成缺相运行。对于低压断路器来说，只要造成短路就会使开关跳闸，将三相同时切断。低压断路器还有其他自动保护作用，性能优越，但其结构复杂，操作频率低，价格高，因此适合于要求较高的场合，如电源总配电盘。

## 三、漏电保护开关

漏电保护开关是一种常用的漏电保护装置。它既能控制电路的通与断，又能保证其控制电路或设备发生漏电接地故障时迅速自动跳闸，进行保护。断路器与漏电保护开关两部分合并起来就构成一个完整的漏电断路器，具有过载、短路、漏电保护功能。漏电断路器的外形如图 5-12、图 5-13 所示。

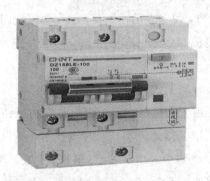

图 5-12　DZ158LE-100 漏电断路器　　　　　图 5-13　DZ267L-32 漏电断路器

**1．漏电保护开关工作原理**

漏电保护开关工作原理图如图 5-14 所示。正常工作时，火线、负载、零线形成一个闭合回路，$I_{负载}=I_火=I_零$，零序电流互感器二次没有感应电流，故电子开关断开，磁力开关不动作，系统正常工作。当电路中有人触电或设备漏电时，由于漏电电流直接进入大地，而不回到零线，而 $I_火=I_{负载}+I_人$，$I_{负载}=I_零$，所以 $I_火>I_零$，通过零序互感器铁心的磁通不为零,故零序电流互感器二次有感应电流,使得漏电信号输入到电子开关输入端,电子开关导通,使得磁力开关线圈带电产生吸力断开电源开关,对人及设备进行漏电保护。

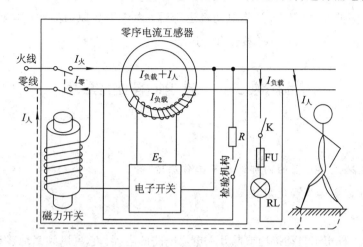

图 5-14 漏电保护开关工作原理图

漏电保护开关按动作方式分为电压动作型和电流动作型;按动作机构分为开关式和继电器式;按极数分为单极二线、二极三线等。

**2. 漏电保护开关的选择**

(1) 保护单相线路设备时,选用单极二线或二极漏电保护开关。

(2) 保护三相线路设备时,选用三极漏电保护开关。

(3) 保护线路既有单相又有三相设备时,选用三极四线或四极漏电保护开关。

**例 5-2** 绘制一个手动直接起动控制线路,分析其优缺点。

利用刀开关直接起动电动机的控制线路如图 5-15 所示。

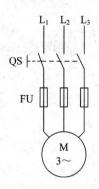

图 5-15 刀开关直接起动电动机的控制线路

图 5-15 线路的动作原理为:闭合刀开关 QS,电动机 M 起动旋转;断开刀开关 QS,电动机 M 断电减速直至停转。线路只用一个刀开关和一个熔断器,是最简单的电动机起停控制线路,但有以下几点不足:

(1) 只能适用于不需要频繁起停的小容量电动机。

（2）只能就地操作，不便于远距离控制。

（3）无失压保护和欠压保护功能。

所谓失压保护或欠压保护是指电动机运行后，由于外界原因突然断电或电压下降太多后又重新恢复正常供电，电动机不会自行运转。

# 课题三　接触器的使用

## 学习目标

- 了解电磁式接触器的内部结构及工作原理；
- 能根据需要选择和使用接触器。

接触器是一种用来自动接通或断开大电流电路的电器。它可以频繁地接通或分断交直流负载电路，并可实现中远距离控制。其主要控制对象是电动机，也可用于电热设备、电焊机、电容器组等其他设备。它还具有低电压释放保护功能。接触器具有控制容量大、过载能力强、寿命长、设备简单经济等特点，是电力拖动自动控制电路中使用最广泛的电器元件之一。

接触器按操作方式分为电磁接触器、气动接触器和电磁气动接触器；按灭弧介质分为空气电磁接触器、油浸式接触器和真空接触器等。

最常用的分类是按照接触器主触头控制的电路种类来划分，即将接触器分为交流接触器和直流接触器两大类，目前在控制电路中多数采用交流接触器。

## 一、交流接触器

### 1. 交流接触器的结构

交流接触器的外形结构和电气符号如图 5-16 所示。

交流接触器由以下四部分组成：

（1）电磁机构。电磁机构由线圈、动铁心（衔铁）和静铁心组成，其作用是将电磁能转换成机械能，产生电磁吸力，带动触头动作。

（2）触头系统。包括主触头和辅助触头。主触头用于接通或断开主电路，通常为 3 对常开触头。辅助触头用于控制电路，起控制其他元件接通或分断及电气联锁作用，故又称联锁触头，一般有多对常开、常闭触头。

（3）灭弧装置。容量在 10 A 以上的接触器都有灭弧装置，对于小容量的接触器，常采用双断口触头灭弧、电动力灭弧、相间弧板隔弧及陶土灭弧罩灭弧。对于大容量的接触器，采用窄缝灭弧及栅片灭弧。

（4）其他辅助部件。包括反作用弹簧、缓冲弹簧、触头压力弹簧、传动机构、支架及外壳等。

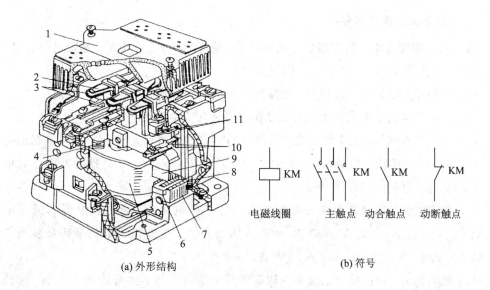

(a) 外形结构　　　　　　　　　　(b) 符号

1—灭弧罩；2—触点压力弹簧片；3—主触点；4—反作用弹簧；5—线圈；6—短路环；
7—静铁心；8—弹簧；9—动铁心；10—辅助动合触点；11—辅助动断触点

图 5 - 16　交流接触器外形结构及符号

## 2. 交流接触器的工作原理

接触器的工作原理是利用电磁吸力及弹簧反作用力配合动作，使触点闭合或断开。线圈得电以后，产生的磁场将铁心磁化，吸引动铁心，克服反作用弹簧的弹力，使它向着静铁心运动，拖动触点系统运动，使得动合触点闭合、动断触点断开。一旦电源电压消失或者显著降低，以致电磁线圈没有激磁或激磁不足，动铁心就会因电磁吸力消失或过小而在反作用弹簧的弹力作用下释放，使得动触点与静触点脱离，触点恢复线圈未通电时的状态。交流接触器动作原理如图 5 - 17 所示。

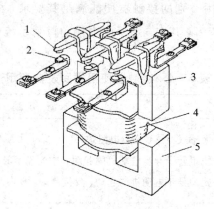

1—动触点；2—静触点；3—动铁心；
4—电磁线圈；5—静铁心

图 5 - 17　交流接触器动作原理图

**3. 接触器的主要技术参数**

接触器的主要技术参数有极数和电流种类，额定电压、额定电流、额定通断能力、线圈额定电压、允许操作频率、寿命、使用类别等。

(1) 接触器的极数和电流种数。按接触器主触头的个数确定其极数，有两极、三极和四极接触器；按主电路的电流种类分有交流接触器和直流接触器。

(2) 额定工作电压。指主触头之间正常工作电压值，也就是主触头所在电路的电源电压。直流接触器的额定电压有 110 V、220 V、440 V、660 V；交流接触器的额定电压有 220 V、380 V、500 V、660 V 等。

(3) 额定电流。接触器触头在额定工作条件下的电流值。直流接触器的额定电流有 40 A、80 A、100 A、150 A、250 A、400 A 及 600 A；交流接触器的额定电流有 10 A、20 A、40 A、60 A、100 A、150 A、250 A、400 A 及 600 A。

(4) 通断能力。指接触器主触头在规定条件下能可靠接通和分断的电流值。在此电流值下接通电路时，主触头不应造成熔焊。在此电流值下分断电路时，主触头不应发生长时间燃弧。一般通断能力是额定电流的 5～10 倍。这一数值与开断电路的电压等级有关，电压越高，通断能力越小。

(5) 线圈额定电压。指接触器正常工作时线圈上所加的电压值。选用时，一般交流负载用交流接触器，直流负载用直流接触器，但对动作频繁的交流负载可采用使用直流线圈的交流接触器。

(6) 操作频率。指接触器每小时允许操作次数的最大值。

(7) 寿命。包括电寿命和机械寿命。目前接触器的机械寿命已达一千万次以上，电气寿命约是机械寿命的 5%～20%。

(8) 使用类别。接触器用于不同负载时，其对主触头的接通与分断能力要求不同，按不同使用条件来选用相应使用类别的接触器便能满足其要求。根据低压电器基本标准的规定，接触器的使用类别比较多，其中，用于电力拖动控制系统中的接触器常见的使用类别及典型用途如表 5-4 所示。

表 5-4　接触器使用类别及典型用途

| 电流种类 | 使用类别 | 典型用途 |
|---|---|---|
| AC(交流) | AC1 | 无感或微感负载、电阻炉 |
| | AC2 | 绕组转子异步电动机的起动和中断笼型异步电动机的起动和中断 |
| | AC3 | 笼型异步电动机的起动、反接制动、反向和点动 |
| | AC4 | |
| DC(直流) | DC1 | 无感或微感负载、电阻炉 |
| | DC2 | 并励电动机的起动、反接制动、反向和点动 |
| | DC3 | 串励电动机的起动、反接制动、反向和点动 |

**4. 接触器的型号**

接触器的型号表示如图 5－18 所示。

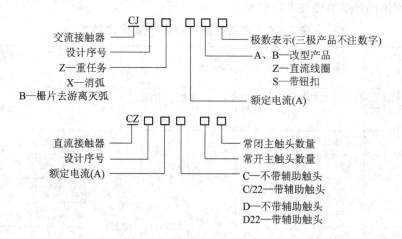

图 5－18　接触器型号

例如 CJ10Z—40/3 为交流接触器，设计序号 10，重任务型，额定电流 40 A，主触头为 3 极。CJ12T—250/3 为改型后的交流接触器，设计序号 12，额定电流 250 A，主触头为 3 极。我国常用的交流接触器主要有 CJ10、CJ12、CJXI、CJ20 等系列及其派生系列产品；直流接触器有 CZ18、CZ21、CZ22、CZ10 和 CZ2 等系列。除以上常用系列外，我国近年来还引进了一些生产线，生产了一些满足 IEC 标准的交流接触器，例如 CJ12B—S 系列锁扣接触器，主要用于交流 50 Hz、电压 380 V 及以下、电流 600 A 及以下的配电电路中，供远距离接通和分断电路用，并适宜于不频繁起动和停止的交流电动机，具有正常工作时吸引线圈不通电、无噪声等特点。其锁扣机构位于电磁系统的下方，锁扣机构靠吸引线圈自通电，吸引线圈断电后靠锁扣机构保持在锁住位置。CJX2 系列交流接触器外形如图 5－19 所示，CJT1 系列交流接触器外形如图 5－20 所示。

图 5－19　CJX2 系列交流接触器　　　　　　　图 5－20　CJT1 系列交流接触器

引进的产品应用较多的有德国西门子公司的 3TB 系列和 BBC 公司的 B 系列，法国 TE 公司的 LC1 系列等，主要供远距离接通和分断电路，并适用于频繁起动及控制的交流电动机。3TB 系列产品具有结构紧凑、机械寿命和电气寿命长、安装方便、可靠性高等特点，额定电压为 220 V～660 V，额定电流为 9 A～630 A。

常用交流接触器主要技术数据见表 5-5。

**表 5-5 常用交流接触器主要技术数据**

| 型号 | 主触头 | | | 辅助触头 | | | 线圈 | | 可控制电器的最大功率/kW | | 额定操作频率/(次/h) |
|---|---|---|---|---|---|---|---|---|---|---|---|
| | 对数 | 额定电流/A | 额定电压/V | 对数 | 额定电流/A | 额定电压/V | 电压/V | 功率/kV | 220 V | 380 V | |
| CJ0-10 | 3 | 10 | | | | | | 14 | 2.5 | 4 | |
| CJ0-20 | 3 | 20 | | | | | | 33 | 5.5 | 10 | |
| CJ0-40 | 3 | 40 | | 2个常开 | | | 36 | 33 | 11 | 20 | |
| CJ0-75 | 3 | 75 | 380 | 2个常闭 | 5 | 380 | 110 (127) | 55 | 22 | 40 | ≤600 |
| CJ10-10 | 3 | 10 | | | | | 220 | 11 | 2.2 | 4 | |
| CJ10-20 | 3 | 20 | | | | | 380 | 22 | 5.5 | 10 | |
| CJ10-40 | 3 | 40 | | | | | | 32 | 11 | 20 | |
| CJ10-60 | 3 | 60 | | | | | | 70 | 17 | 30 | |

**5. 接触器的选用**

（1）接触器极数与电流种类的确定。接触器由主电路电流种类来决定选择直流接触器还是交流接触器。三相交流系统中一般选用三极接触器，当需要同时控制中性线时，则选用四极交流接触器。单相交流和直流系统中常选用两极或三极并联，一般场合选用电磁式接触器，易燃易爆场合应选用防爆型及真空接触器。

（2）根据接触器所控制的负载类型选择相应使用类别的接触器。如负载是一般任务则选用 AC3 类别；负载为重任务则应选用 AC4 类别；如负载是一般任务与重任务混合时，则可根据实际情况选用 AC3 或 AC4 类接触器；如选 AC3 类别时，应降级使用。

（3）根据负载功率和操作情况来确定接触器主触头的电流等级。当接触器使用类别与所控负载的工作任务相对应时，一般按控制负载电流值来决定接触器主触头的额定电流值；若不对应，应降低接触器主触头电流等级使用。

（4）根据接触器主触头接通与分断主电路电压等级来决定接触器的额定电压。

（5）接触器吸引线圈的额定电压应由所连接的控制电路确定。当线路简单、使用电器较少时，可选用 220 V 或 380 V；当线路复杂、使用电器较多或不太安全的场所，可选用 36 V 或 110 V。

（6）接触器的触头数（主触头和辅助触头）和种类（常开或常闭）应满足主电路和控制电路的要求。

（7）操作频率（每小时触点通断次数）。当通断电流较大及通断频率超过规定值时，应选用额定电流大一级的接触器。否则会使触点严重发热，甚至熔焊在一起，造成事故。

**6. 交流接触器的常见故障**

（1）触头过热。触头接触压力不够、表面氧化、触头容量不够等会造成触头接触电阻增大，使触头发热。

（2）触头磨损。触头磨损的主要原因有：分合时电弧高温使触头上的金属氧化或蒸发造成；触头闭合时的撞击和触头表面的相对摩擦造成的机械磨损。

（3）线圈断电后触头不复位。铁心剩磁太大或复位弹簧弹力不足，活动部分被卡住等原因造成的。

（4）线圈过热或烧毁。线圈电流太大、线圈匝间短路、铁心吸合后有间隙、操作频率太高、线圈电压太高或太低等。

## 二、直流接触器

直流接触器主要用于额定电压不大于 440 V、额定电流不大于 600 A 的直流电力线路中。用作远距离接通和断开线路。以控制直流电机的起动、停止、制动、反转。

直流接触器的结构和工作原理基本上与交流接触器相同，结构上也是由电磁机构、触头系统和灭弧装置等部分组成，但在电磁机构方面有所不同。由于直流电弧比交流电弧难以熄灭，直流接触器常采用磁吹式灭弧装置灭弧。

# 课题四　电机的保护

◇ **学习目标**

 • 了解常用的保护电器及其工作原理；
 • 学会选择和使用合适的保护电器。

电机在工作过程中可能因各种原因而发生过电流，过电流会影响电机的使用寿命甚至损坏，所以应采取相应的保护措施。

电气控制的保护环节非常多，在电气控制线路中，最为常用的是熔断器及断路器，应用方法是串联在回路中，其分断作用和当线路电流超过其允许最大电流时熔断或跳保护。第二类较常用的保护环节是电机保护，即热保护继电器，当电机过流时跳保护。电气控制线路常设有短路保护、过流保护、欠压保护、过载保护、失压保护等保护环节。

## 一、短路保护

当电路发生短路时，短路电流会引起电器设备绝缘损坏和产生强大的电动力，使电机和电路中的各种电器设备产生机械性损坏，因此当电路出现短路电流时，必须迅速而可靠的断开电源。短路常常使用熔断器或空气断路器进行保护。图 5 - 21(a)为采用熔断器作短路保护的电路。当主电机容量较小，其控制电路不需另设熔断器，主电路中熔断器也作为控制电路的短路保护。当主电机容量较大，则控制电路一定要单独设置短路保护熔断器。图 5-21(b)为采用自动开关作短路保护的电路。既作为短路保护，又作为过载保护，其过流线圈用做短路保护。线路出故障时，自动开关动作，事故处理完重新合上开关，线路则重新运行工作。

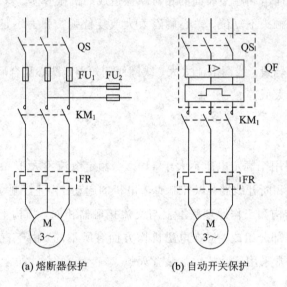

(a) 熔断器保护　　　　　　(b) 自动开关保护

图 5-21　短路保护

### 1. 熔断器的结构和分类

熔断器是一种结构简单、维护方便而有效的保护电器，在电路中主要起短路保护作用。熔断器外形结构如图 5-22 所示。熔断器主要由熔体和安装熔体的绝缘管（或盖、座）等部分组成。其中熔体是主要部分，它既是感测元件又是执行元件。熔体是由不同金属材料（铅锡合金、锌、铜或银）制成丝状、带状、片状或笼状，串接于被保护电路。当电路发生短路或过载故障时，通过熔体的电流使其发热，当达到熔化温度时，熔体自行熔断，从而分断故障

图 5-22　熔断器外形结构

电路。熔断管一般由硬质纤维或瓷质绝缘材料制成半封闭式或封闭式管状外壳,熔体装于其中。熔断管的作用是便于安装熔体和有利于熔体熔断时熄灭电弧。

熔断器的种类很多,按结构可分为半封闭插入式、螺旋式、无填料密封管式和有填料密封管式。按用途可分为一般工业用熔断器、半导体器件保护用快速熔断器和特殊熔断器(如具有两段保护特性的快慢动作熔断器、自复式熔断器)。常用的熔断器有以下几种。

(1)插入式熔断器。插入式熔断器如图5-23所示,常用于380 V及以下电压等级的电路末端,作为配电支线或电气设备的短路保护来使用。

(2)螺旋式熔断器。螺旋式熔断器如图5-24所示。熔体上的上端盖有熔断指示器,一旦熔体熔断,指示器马上弹出,可透过瓷帽上的玻璃孔观察到,它常用于机床电气控制设备中。螺旋式熔断器分断电流较大,可用于电压等级500 V及其以下、电流等级200 A以下的电路中,作短路保护。

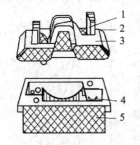

1—动触头;2—熔体;3—瓷插件;
4—静触头;5—瓷座

图5-23 插入式熔断器

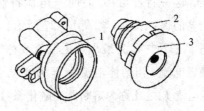

1—底座;2—熔体;3—瓷帽

图5-24 螺旋式熔断器

(3)封闭式熔断器。封闭式熔断器分为有填料熔断器和无填料熔断器两种。有填料封闭式熔断器如图5-25所示,一般用方形瓷管,内装石英砂及熔体,分断能力强,用于电压等级500 V以下、电流等级1 kA以下的电路中。无填料封闭式熔断器如图5-26所示,将熔体装入密闭式圆筒中,分断能力稍小,用于500 V以下、600 A以下电力网或配电设备中。

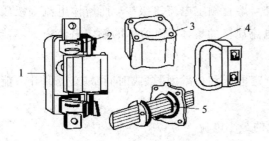

1—瓷底座;2—弹簧片;3—管体;
4—绝缘手柄;5—熔体

图5-25 有填料封闭式熔断器

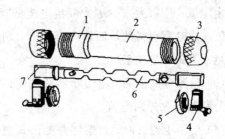

1—铜圈;2—熔断管;3—管帽;4—插座;
5—特殊垫圈;6—熔体;7—熔片

图5-26 无填料封闭式熔断器

（4）快速熔断器。快速熔断器主要用于半导体整流元件或整流装置的短路保护。由于半导体元件的过载能力很低，只能在极短时间内承受较大的过载电流，因此要求短路保护具有快速熔断的能力。快速熔断器的结构和有填料封闭式熔断器基本相同，但熔体材料和形状不同，它是以银片冲制的有 V 形深槽的变截面熔体。

（5）自复式熔断器。自复熔断器采用金属钠作熔体，在常温下具有高电导率。当电路发生短路故障时，短路电流产生高温使钠迅速汽化，汽态钠呈现高阻态，从而限制了短路电流。当短路电流消失后，温度下降，金属钠恢复原来的良好导电性能。自复熔断器只能限制短路电流，不能真正分断电路。其优点是不必更换熔体，能重复使用。

**2. 熔断器的选用**

1）熔断器的保护特性

熔断器的动作是靠熔体的熔断来实现的，当电流较大时，熔体熔断所需的时间就较短；而电流较小时，熔体熔断所需用的时间就较长，甚至不会熔断。这一特性可用"时间-电流特性"曲线来描述，称熔断器的保护特性，如图 5 - 27 所示。

图 5 - 27 中 $I_r$ 为最小融化电流或称临界电流，$I_{re}$ 为熔体额定电流。当熔体电流小于 $I_r$ 时，会熔断。$I_r$ 与熔体额定电流 $I_{re}$ 之比称为熔断器的融化系数，即 $K = I_r/I_{re}$，当 $K$ 的值小时对小倍数过载保护有力，但 $K$ 也不宜接近于 1，否则不仅熔体在 $I_{re}$ 下工作温度会过高，而且还有可能因保护特性本身的误差而发生熔体在 $I_{re}$ 下也熔断的现象，影响熔断器工作的可靠性。

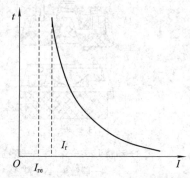

图 5 - 27　熔断器的保护特性

2）熔断器的主要参数

（1）额定电压。指熔断器长期工作时和分断后能够承受的电压。

（2）额定电流。指熔断器长期工作时，电器设备升温不超过规定值时所能承受的电流。熔断器的额定电流有两种：一种是熔管额定电流，也称熔断器的额定电流；另一种是熔体的额定电流。厂家为减少熔管额定电流的规格，熔管额定电流等级少，而熔体电流等级较多，在一种电流规格的熔断管内有适于几种电流规格的熔体，但熔体的额定电流最大不能超过熔断管的额定电流。

（3）极限分断能力。指熔断器在规定的额定电压和功率因数（或时间常数）条件下，能可靠分断的最大短路电流。

（4）熔断电流。指通过熔体并能使其融化的最小电流。

3）熔断器的选择

选择熔断器时主要考虑熔断器的种类、额定电压、额定电流和熔体的额定电流等。

（1）熔断器类型的选择。熔断器的类型主要依据负载的保护特性和短路电流的大小选择。对于容量小的电机和照明支线，常采用熔断器作为过载及短路保护，因此熔体的熔化系数可适当小些；对于较大容量的电机和照明干线，则应着重考虑短路保护和分断能力，通常选用具有较高分断能力的熔断器；当短路电流很大时，宜采用具有限流作用的熔断器。

（2）熔断器额定电压的选择。熔断器额定电压的选择值一般应等于或大于电器设备的额定电压。

（3）熔体的额定电流的选择。

① 对于负载平稳无冲击的照明电路、电阻、电炉等，熔体额定电流略大于或等于负荷电路中的额定电流。即

$$I_{re} \geqslant I_e$$

式中：$I_{re}$——熔体的额定电流；

$I_e$——负载的额定电流。

② 对于单台长期工作的电机，熔体电流可按最大起动电流选取，也可按下式选取。

$$I_{re} \geqslant (1.5 \sim 2.5)I_e$$

式中：$I_{re}$——熔体的额定电流；

$I_e$——电机的额定电流。

如果电机频繁起动，式中系数可适当加大至3～3.5，具体应根据实际情况而定。

③ 对于多台长期工作的电机（供电干线）的熔断器，熔体的额定电流应满足下列关系。

$$I_{re} \geqslant (1.5 \sim 2.5)I_{emax} + \sum I_e$$

式中：$I_{emax}$——多台电机中容量最大的一台电机的额定电流；

$\sum I_e$——其余电机额定电流之和。

当熔体额定电流确定后，根据熔断器额定电流大于或等于熔体额定电流来确定熔断器额定电流。

④ 熔断器级间的配合。为防止发生越级熔断，上、下级（即供电干、支线）的熔断器之间应有良好的配合。选用时，应使上级（供电干线）熔断器的熔体额定电流比下级（供电支线）大1～2个级差。

## 二、过电流保护及欠压保护

不正确的起动和过大负载，也常常引起电机产生很大的过电流。由此引起的过电流一般比短路电流要小。过大的冲击负载，使电机流过大的冲击电流，以致损坏电机的换向器；同时，过大的电机转矩也会使机械的转动部件受到损伤。因此要瞬时切断电源。在电机运行过程中产生这种过电流比发生短路的可能性要大，特别是对频繁起动和正反转重复短时工作的电机更是如此。

图5-28的控制线路中设有过流保护及欠压保护环节。为避免电机起动时过流保护误动作，线路中接入时间继电器 KT，并使 KT 延时时间稍长于电机 M 的起动时间。这样，电机起动结束后，过流继电器 KI 才接入电流检测回路起保护作用。当线路电压过低时，KV

失压 KV 的常开点断开主电机 M 的控制电路。

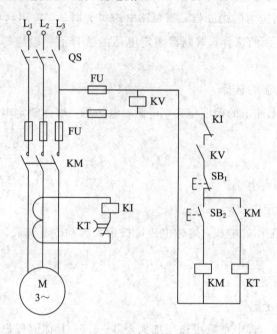

图 5-28 控制电路中的保护环节

## 三、过载保护

电机长期超载运行，其绕组的温升将超过允许值而损坏，所以应设过载保护环节。过载保护一般采用热继电器作为保护元件。热继电器具有反时限特性，由于热惯性的关系，热继电器不会受短路电流的冲击而瞬时动作；当有 8～10 倍额定电流通过热继电器时，需经 1～3 s 动作，这样，在热继电器动作前，热继电器的发热元件可能已烧坏。所以，在使用热继电器做过载保护时，还必须装有熔断器或过流继电器配合使用。图 5-29(a) 所示为两相保护，适用于保护电机任一相断线或三相均衡过载时。但当三相电源发生严重不平衡或电机内部短路、绝缘不良等，有可能使某一相电流比其他两相高，则上述两电路就不能可靠进行保护。图 5-29(b) 为三相保护，可以可靠的保护电机的各种过载情况。

**1. 热继电器的外形结构及符号**

电路中串入热继电器 FR，是对电机起过载保护作用的。电机若遇到频繁起停操作或运转过程中负载过重或缺相，都可能会引起电机定子绕组中的负载电流长时间超过额定工作电流，而熔断器的保护特性使得它可能暂时不会熔断，所以必须采用热继电器对电机实行过载保护。

电机过载时，过载电流将使热继电器中双金属片弯曲动作，使串联在控制电路的动断触点断开，从而切断接触器 KM 线圈的电路，主触点断开，电机脱离电源停转。热继电器的结构及符号如图 5-30 所示。

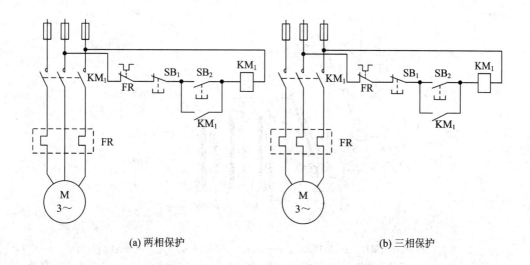

(a) 两相保护          (b) 三相保护

图 5 - 29 过载保护电路

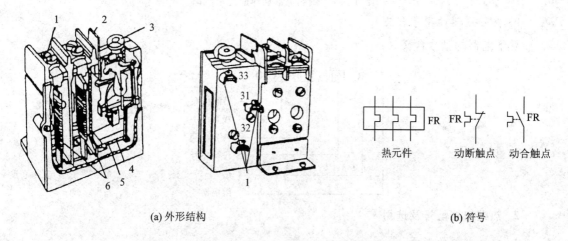

(a) 外形结构          (b) 符号

1—接线柱；2—复位按钮；3—调节旋钮；4—动断触点；5—动作机构；6—热元件

图 5 - 30 热继电器外形结构及符号

1）热继电器的动作原理

当电机过载时，流过电阻丝（热元件）的电流增大，电阻丝产生的热量使金属片弯曲，经过一定时间后，弯曲位移增大，因而脱扣，使其动断触点断开，动合触点闭合。热继电器的动作原理如图 5 - 31 所示。

热继电器触点动作切断电路后，电流为零，则电阻丝不再发热，双金属片冷却到一定值时恢复原状。于是动合和动断触点可以复位。另外也可通过调节螺钉，使触点在动作后不自动复位，而必须按动复位按钮才能使触点复位。这很适用于某些要求故障未排除而防止电机再起动的场合。不能自动复位对检修时确定故障范围也是十分有利的。

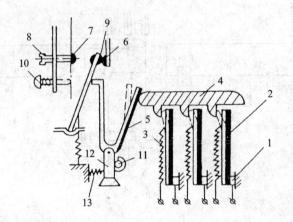

1—推杆；2—主双金属片；3—加热元件；4—导板；5—补偿双金属片；6—静触点(动断)；
7—静触点(动合)；8—复位调节螺钉；9—动触点；10—复位按钮；11—调节旋钮；12—支撑件；13—弹簧

图5-31　热继电器动作原理示意图

2）热继电器的型号含义

热继电器的型号含义为：

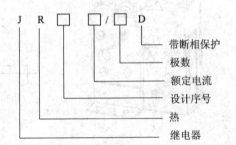

带断相保护
极数
额定电流
设计序号
热
继电器

**2. 热继电器型号及选用**

1）热继电器的型号

我国常用的热继电器主要有 JR20、JRS1、JR16 等系列。引进产品有 T 系列（德国 BBC 公司）、3UA（德国西门子）、LR1－D（法国 TE 公司）。JRS1、JR20 系列具有断电保护、温度补偿、整定电流可调，能手动脱扣及手动断开断触头等功能如图5-32所示。三相交流电动机的过载保护均采用三相式热继电器，尤其是 JR16 和 JR20 系列三相式热继电器得到广泛应用。这两种系列的热继电器按其功能又分为带断相保护和不带断相保护两种类型。

图5-32　JRS1系列热过载继电器

在电气原理图中，热继电器的发热元件和触点的图形符号如图 5-33 所示。

(a) 发热元件        (b) 常闭触点        (c) 常开触点

图 5-33   热继电器的图形符号和文字符号

常用的 JR16、JR20、JRS1、T 系列热继电器的技术参数见表 5-6。

表 5-6   常用的热继电器技术参数

| 型号 | 额定电压 /V | 额定电流 /A | 相数 | 热元件 | | | 断相保护 | 温度补偿 | 触头数量 |
|---|---|---|---|---|---|---|---|---|---|
| | | | | 最小规格/A | 最大规格/A | 挡数 | | | |
| JR16 | 380 | 20 | 3 | 0.25～0.35 | 14～22 | 12 | 有 | 有 | 一动合一动断 |
| | | 60 | | 14～22 | 40～63 | 4 | | | |
| | | 150 | | 40～63 | 100～160 | 4 | | | |
| JR20 | 660 | 6.3 | 3 | 0.1～0.15 | 5～7.4 | 14 | 无 | 有 | 一动合一动断 |
| | | 16 | | 3.5～5.3 | 14～18 | 6 | | | |
| | | 32 | | 8～12 | 28～36 | | | | |
| | | 63 | | 16～24 | 55～71 | 6 | | | |
| | | 160 | | 33～47 | 144～176 | 9 | | | |
| | | 250 | | 83～125 | 167～250 | 4 | | | |
| | | 400 | | 130～195 | 267～400 | 4 | | | |
| | | 630 | | 200～300 | 420～630 | 4 | | | |
| JRS1 | 380 | 12 | 3 | 0.11～0.15 | 9.0～12.5 | 13 | 有 | 有 | 一动合一动断 |
| | | 25 | | 9.0～12.5 | 18～25 | 3 | | | |
| T | 660 | 16 | 3 | 0.11～0.16 | 12～17.6 | 22 | 有 | 有 | 一动合一动断 |
| | | 25 | | 0.17～0.25 | 26～32 | 21 | | | |
| | | 45 | | 0.28～0.40 | 30～45 | 21 | | | 一动合或一动断 |
| | | 85 | | 6～10 | 60～100 | 8 | | | |
| | | 105 | | 27～42 | 80～115 | 6 | | | |
| | | 170 | | 90～130 | 140～220 | 3 | | | 一动合一动断 |
| | | 250 | | 100～160 | 250～400 | | | | |
| | | 370 | | 100～160 | 310～500 | 4 | | | |

2）热继电器的选用

通常选用时应按电机形式、工作环境、起动情况及负荷情况等几方面综合加以考虑。

① 原则上热继电器的额定电流应按电机的额定电流选择。对于过载能力较差的电机，

其配用的热继电器(主要是发热元件)的额定电流可适当小些。通常，选取热继电器的额定电流(实际上是选取发热元件的额定电流)为电机额定电流的 $60\% \sim 80\%$。

② 在不频繁起动场合，要保证热继电器在电机的起动过程中不产生误动作。通常，电机起动电流为其额定电流 6 倍以及起动时间不超过 6 s 时，若很少连续起动，就可按电机的额定电流选取热继电器。

③ 当电机为重复短时工作时，首先注意确定热继电器的允许操作频率。因为热继电器的操作频率是很有限的，如果用它保护操作频率较高的电机，效果很不理想，有时甚至不能使用。

④ 在三相异步电动机电路中，对定子绕组为 Y 联结的电机应选用两相或三相结构的热继电器；定子绕组为△联结的电机必须采用带断相保护的热继电器。

## 四、失压保护

在电机正常工作时，如果因为电源的关闭而使电机停转，那么，在电源电压恢复时，电机就会自行起动。电机的自起动可能造成人身事故或设备事故。防止电压恢复时电机自起动的保护称失压保护。它是通过并联在起动按钮上的接触器的常开触头，或通过并联在主令控制器的 0 位闭合触头上零位继电器的常开触头来实现失压保护的，即自锁控制，如图 5-34 所示。

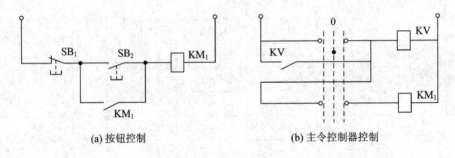

(a) 按钮控制　　　　　　　　　　(b) 主令控制器控制

图 5-34　失压保护

## 五、其他保护

在实际应用中还有其他特殊保护如：

(1) 弱磁保护。直流并励电动机、复励电动机在磁场减弱或磁场消失时，会引起电动机"飞车"。因此，要加强弱磁保护环节。弱磁继电器的吸合值，一般整定为额定励磁电流的 0.8 倍。对于调磁调速的电动机，弱磁继电器的释放值为最小励磁电流的 0.8 倍。

(2) 极限保护。某些直线运动的生产机械常设极限保护，该保护是由行程开关的常闭触头来实现的。如龙门刨床的刨台，设有前后极限保护；矿井提升机，设上、下极限保护。温度、压力、液位等在生产过程中可根据生产机械和控制系统的不同要求，设置相应的极限保护环节。对电机的基本保护，例如过载保护、断相保护、短路保护等，最好能在一个保护装置内同时实现。

# 课题五  主 令 电 器

## ◇ 学习目标

- 认识按钮、限位开关、万能转换开关等主令电器并了解其工作原理；
- 学会使用按钮、限位开关、万能转换开关等主令电器。

主令电器是一种在电气控制系统中用于发送或转换控制指令的电器。主令电气一般用于控制接触器、继电器或其他电器线路，使电路接通或断开，从而实现对控制系统的自动控制。

主令电器种类繁多，应用广泛，常用的主令电器有：按钮、限位开关，万能转换开关、接近开关等。

## 一、按钮

按钮也叫控制按钮，是一种结构简单，使用广泛的手动主令电器，它可以与接触器或继电器配合，其作用通常是用来短时间地接通或断开小电流的控制电路，从而控制电机或其他电气设备的运行。

### 1. 控制按钮的结构与符号

控制按钮一般由按钮、复位弹簧、触点和外壳等部分组成，其结构如图 5-35 所示。按静态时触点的分合状态可分为动合按钮（常开按钮）、动断按钮（常闭按钮）。常态时在复位的作用下，由桥式动触头将静触头 1、2 闭合，静触头 3、4 断开；当按下按钮时，桥式动触头将静触头 1、2 断开，静触头 3、4 闭合。触头 1、2 被称为常闭触头或动断触头，触头 3、4 被称为常开触头或动合触头。

（1）常开按钮。一般用作起动按钮。使用时一般只对其常开触点进行接线，常开按钮通

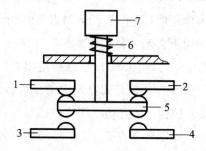

1、2—常闭触头；3、4—常开触头；5—桥式动触头；6—复位弹簧；7—按钮帽

图 5-35  典型控制按钮的结构示意图

常为绿色，安装布局一般在上方或左侧。

（2）常闭按钮。一般用作停止按钮。使用时一般只对其常闭触点进行接线，常闭按钮通常为红色，安装布局一般在下方或右侧。

按钮的外形结构和文字符号如图 5 - 36 所示。实物图如图 5 - 37 所示。

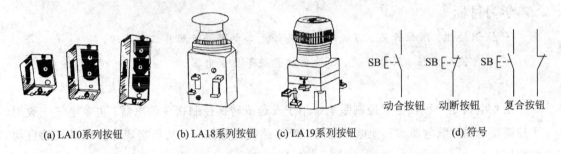

(a) LA10系列按钮　　　(b) LA18系列按钮　　　(c) LA19系列按钮　　　(d) 符号

图 5 - 36　按钮的外形结构及文字符号

图 5 - 37　控 制 按 钮

### 2. 控制按钮的种类及动作

1）按结构形式分

（1）旋钮式。用手动旋钮进行操作。

（2）指示灯式。按钮内装入信号灯显示信号。

（3）紧急式。装有蘑菇型钮帽，以示紧急动作。

2）按触点形式分

（1）动合按钮。外力未作用时（手未按下），触点是断开的，外力作用时，触点闭合，但外力消失后，在复位弹簧作用下自动恢复到原来的断开状态。

（2）动断按钮。外力未作用时（手未按下），触点是闭合的，外力作用时，触点断开，但外力消失后，在复位弹簧作用下自动恢复到原来的闭合状态。

（3）复合按钮。既有动合按钮，又有动断按钮的按钮组，称为复合按钮。按下复合按钮时，所有的触点都改变状态，即动合触点要闭合，动断触点要断开。但是，这两对触点的变化是有先后次序的，按下按钮时，动断触点先断开，动合触点后闭合；松开按钮时，动合触点先复位（断开），动断触点后复位（闭合）。

为便于识别各个按钮的作用，避免误操作，通常在按钮帽上做出不同的标记或涂上不同的颜色,如红色表示停止按钮,绿色表示起动按钮。

**3. 按钮的选用原则**

(1) 根据使用场合,选择控制按钮的种类,如开启式、防水式、防腐式。

(2) 根据用途,选择控制按钮的形式,如钥匙式、紧急式、带指示灯式。

(3) 根据控制回路的需求,确定按钮数,如单钮、双钮、三钮、多钮等。

(4) 根据工作状态指示和工作情况的要求,选择按钮及指示灯的颜色。

## 二、万能转换开关

万能转换开关是一种多档式、控制多回路的主令电器,主要用于低压断路操作机构的合闸与分闸控制、各种控制线路的转换、电压和电流表的换相测量控制、配电装置线路的转换和遥控等。万能转换开关还可以直接控制小容量电机的起动、调速和换向。图 5-38 所示为万能转换开关原理图。

 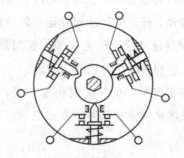

(a) 外形结构        (b) 原理图

图 5-38 万能转换开关外形结构及原理图

常用万能转换开关有 LW5 和 LW6 系列。LW5 系列可控制 5.5 kW 及以下的小容量电机;LW6 系列只能控制 2.2 kW 及以下的小容量电机。用于可逆运行控制时,只有在电机停车后才允许反向起动。LW5 系列万能转换开关按手柄的操作方式可分为自复式和自定位式两种。所谓自复式是指用手拨动手柄于某一档位时,手松开后,手柄自动返回原位;定位式则是指手柄被置于某档位时,不能自动返回原位而停在该档位。

万能转换开关的手柄操作位置是以角度表示的。不同型号的万能转换开关的手柄有不同万能转换开关的触头,电路图中的图形符号如图 5-39 所示。但由于其触头的分合状态与操作手柄的位置有关,所以,除在电路图中画出触头图形符号外,还应画出操作手柄与触头分合状态的关系。

根据图 5-39(a)和图 5-39(b)知,当万能转换开关打向左 45°时,触头 1—2、3—4、5—6 闭合,触头 7—8 打开;打向 0°时,只有触头 5—6 闭合,向右 45°时,触头 7—8 闭合,其余打开。

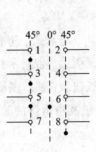

| LW5—15D0403/2 | | | |
|---|---|---|---|
| 触头编号 | 45° | 0° | 45° |
| ⟋‒ 1—2 | × | | |
| ⟋‒ 3—4 | × | | |
| ⟋‒ 5—6 | × | × | |
| ⟋‒ 7—8 | | | × |

(a) 图形符号      (b) 触头闭合表

图 5-39　万能转换开关的图形符号

## 三、行程开关

　　某些生产机械的运动状态的转换，是靠部件运行到一定位置时由行程开关（位置开关）发出信号进行自动控制的。例如，行车运动到终端位置自动停车，工作台在指定区域内的自动往返移动，都是由运动部件运动的位置或行程来控制的，这种控制称为行程控制。

　　行程控制是以行程开关代替按钮用以实现对电机的起动和停止控制，可分为限位断电、限位通电和自动往复循环等控制。

　　行程开关又称限位开关或位置开关，它是根据运动部件位置自动切换电路的控制电器，它可以将机械位移信号转换成电信号，常用来做程序控制、自动循环控制、定位、限位及终端保护。

　　行程开关有机械式、电子式两种，机械式又有按钮式和滑轮式两种。机械式行程开关与按钮相同，一般都由一对或多对动合触点、动断触点组成，但不同之处在于按钮是由人手指"按"，而行程开关是由机械"撞"来完成。

### 1. 行程开关的外形结构及符号

　　机械式行程开关的外形结构如图 5-40(a)所示，图 5-40(b)为行程开关的符号，其文

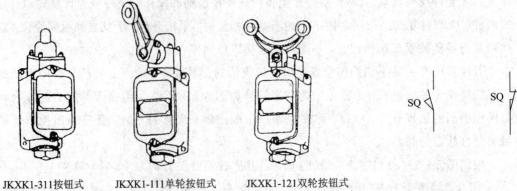

JKXK1-311按钮式　　JKXK1-111单轮按钮式　　JKXK1-121双轮按钮式

(a) 外形图          (b) 符号

图 5-40　机械式行程开关

字符号为 SQ。

**2. 行程开关的型号含义**

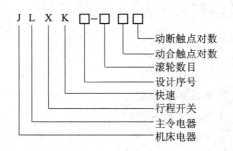

**3. 行程控制**

1) 限位断电控制线路

限位断电控制线路如图 5-41 所示。运动部件在电机拖动下，到达预先指定点即自动断电停车。

线路动作原理为：

$SB^{\pm}$—$KM_{自}^{+}$—$M^{+}$(起动)$\Delta S$—$SQ^{+}$—$KM^{-}$—$M^{-}$(停车)

其中，$\Delta S$ 是指运动一段距离，达到指定位置。

这种控制线路常使用在行车或提升设备的行程终端保护上，以防止由于故障电机无法停车而造成事故。

2) 限位通电控制线路

限位通电控制线路如图 5-42 所示。

这种线路是运动部件在电机拖动下，达到预先指定的地点后能够自动接通接触器线圈的控制线路。其中图 5-42(a)为限位通电的点动控制线路，图 5-42(b)为限位通电的长动控制线路。这种控制线路使用在各种运动方向或运动形式中，起到转换作用。

图 5-41 限位断电控制线路

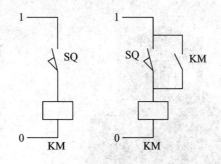

(a) 点动限位通电控制　　(b) 长动限位通电控制

图 5-42 限位通电控制线路

# 课题六　常用电磁式继电器

◇ **学习目标**

- 认识常见的电磁式继电器；
- 了解常见的电磁式继电器工作原理；
- 会选择和使用常见的电磁式继电器。

继电器依据外部输入的电信号来控制电路的"通"和"断"。它主要用来反映各种控制信号，以改变电路的工作状态，实现既定的控制程序，达到预期的控制目的。它一般触点容量较小，不能用来直接控制大电流的主回路，而要借助接触器来实现对主电路的控制。

## 一、中间继电器

中间继电器是用来远距离传输或转换控制信号的中间元件。其输入的是线圈的通电或断电信号，输出多对触点的通断动作。因此，不但可用于增加触头数目，实现多路同时控制，而且因为触头的额定电流大于线圈的额定电流，所以可以用来放大信号。

中间继电器也可分为直流与交流两种，其结构一般由电磁机构和触点系统组成。电磁机构与接触器相似，其触点因为通过控制电路的电流容量较小，所以不需加装灭弧装置；它的特点是触头数量较多(可达 8 对)，触头容量较大(5～10 A)，动作灵敏，在电路中起增加触头数量和起中间放大作用。由于中间继电器只要求线圈电压为零时能可靠释放，对动作参数无要求，故中间继电器没有调节装置。

**1. 中间继电器的外形结构与符号**

中间继电器的外形结构及符号如图 5 - 43 所示，其文字符号为 KA。

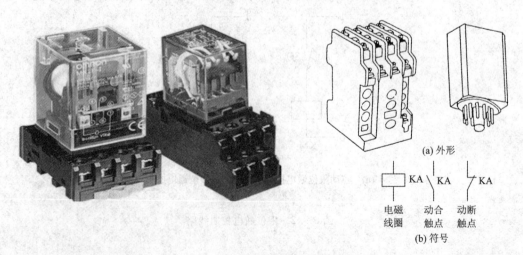

图 5 - 43　中间继电器外形结构及符号

中间继电器的结构和交流接触器基本一样，其外壳一般由塑料制成，为开启式。外壳上的相间隔板将各对触点隔开，以防止因飞弧而发生短路事故。触点一般有 8 动合、6 动合 2 动断、4 动合 4 动断三种组合形式。

**2. 中间继电器的动作原理**

中间继电器与交流接触器相似，动作原理也相同，当电磁线圈得电时，铁心被吸合，触点动作，即动合触点闭合，动断触点断开；电磁线圈断电后，铁心释放，触点复位。

**3. 中间继电器的型号含义**

中间继电器的型号含义为：

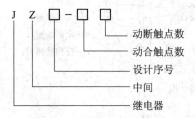

## 二、时间继电器

由于时间的不可逆性，时间继电器也称为延时继电器，是一种用来实现触点延时接通或断开的控制电器。时间继电器种类繁多，但目前常用的时间继电器主要有空气阻尼式、电动式、晶体管式及直流电磁式等几大类。

时间继电器按延时方式可分为：通电延时型和断电延时型两种；通电延时型时间继电器在其感测部分接收信号后开始延时，一旦延时完毕，就通过执行部分输出信号以操纵控制电路，当输入信号消失时，继电器就立即恢复到动作前的状态（复位）。断电延时型与通电延时型相反，断电延时型时间继电器在其感测部分接收输入信号后，执行部分立即动作，但当输入信号消失后，继电器必须经过一定的延时，才能恢复到原来（即动作前）的状态（复位），并且有信号输出。

**1. 时间继电器的外形结构及符号**

空气阻尼式时间继电器的外形结构如图 5 - 44(a)所示。图 5 - 44(b)为时间继电器的符号，其文字符号为 KT。

**2. 时间继电器的动作原理**

图 5 - 45 所示为 JS7 - A 系列时间继电器的结构示意图。

时间继电器由电磁系统、延时机构和工作触点三部分组成。将电磁机构翻转 180°安装后，通电延时型可以改换成断电延时型，同样，断电延时型也可改换成通电延时型。

**3. 时间继电器的型号含义**

时间继电器的型号含义为：

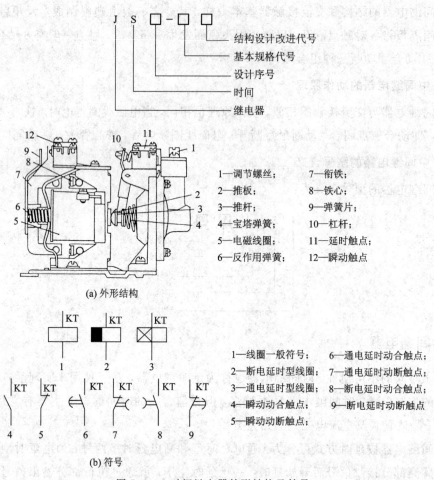

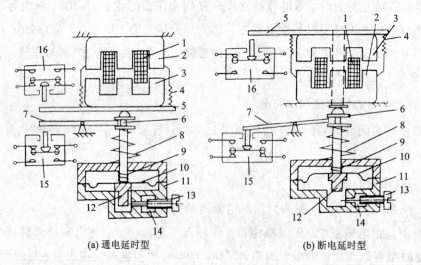

$$JS \ \square - \square \ \square$$

结构设计改进代号
基本规格代号
设计序号
时间
继电器

1—调节螺丝；　　7—衔铁；
2—推板；　　　　8—铁心；
3—推杆；　　　　9—弹簧片；
4—宝塔弹簧；　　10—杠杆；
5—电磁线圈；　　11—延时触点；
6—反作用弹簧；　12—瞬动触点

(a) 外形结构

1—线圈一般符号；　　6—通电延时动合触点；
2—断电延时型线圈；　7—通电延时动断触点；
3—通电延时型线圈；　8—断电延时动合触点；
4—瞬动合触点；　　　9—断电延时动断触点
5—瞬动动断触点；

(b) 符号

图 5 - 44　时间继电器外形结构及符号

(a) 通电延时型　　　　(b) 断电延时型

1—线圈；2—铁心；3—衔铁；4—复位弹簧；5—推板；6—活塞杆；7—杠杆；8—塔形弹簧；
9—弱弹簧；10—橡皮膜；11—空气室壁；12—活塞；13—调节螺杆；14—进气孔；15, 16—微动开关

图 5 - 45　时间继电器结构示意图

## 4. 电子式时间继电器

电子式时间继电器是利用电子电路对电容充放电来实现延时的，具有延时范围广、精度高、体积小、能耗低、抗干扰性强、使用寿命长等特点。电子式时间继电器的输出形式很多，既有触点输出也有无触点(晶体管或晶闸管)输出。如图 5-46、图 5-47 为电子式时间继电器。现以 JS20 时间继电器为例分析，其工作原理如图 5-48 所示。

图 5-46　JSZ3 系列时间继电器

图 5-47　JS20 系列晶体管时间继电器

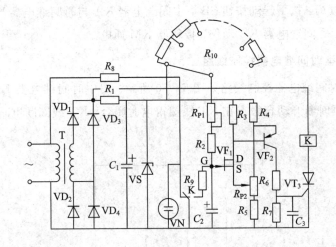

图 5-48　JS20 时间继电器工作原理图

刚接通电源时，电容 $C_2$ 尚未充电，此时，$U_G = 0$，$VF_1$ 栅极源极之间的电压 $U_{GS} = -U_S$，此后，直流电源经电阻 $R_{10}$、$R_{P1}$、$R_2$ 向 $C_2$ 充电，电容 $C_2$ 电压逐步上升，当 $U_G$ 上升到 $|U_G - U_S| < |U_P|$($U_P$ 为场效应管的夹断电压)时，$VF_1$ 开始导通。由于 ID 在 $R_3$ 上产生压降，D 点电位开始下降，一旦 D 点电压降到 $VF_2$ 的发射极电位以下时，$VF_2$ 导通，$VF_2$ 的集电极电流在 $R_4$ 上产生压降，使场效应晶体管的 $U_S$ 降低。$R_4$ 起正反馈作用，$VF_2$ 迅速导通，并触发晶闸管 $VT_3$ 导通，继电器 K 动作。由此可知，从时间继电器接通电源开始 $C_2$ 充电到 K 动作的这段时间为通电延时动作时间。K 动作后，$C_2$ 经 K 动合触点对电阻 $R_9$ 放电，同时氖泡 VN 起辉，并使效应晶体管 $VF_1$ 和晶体管 $VF_2$ 都阻断，为下次工作作准备。此时晶闸管 $VT_3$ 仍然导通，除非切断电源，使电路恢复到原来状态，继电器 K 才断开。

**5．通电延时型时间继电器控制线路**

通电延时型时间继电器控制线路如图 5-49 所示。

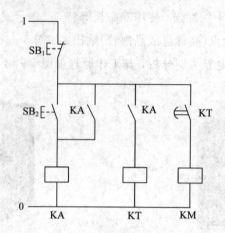

图 5-49　通电延时型时间继电器控制线路

线路动作原理为：按下起动按钮 $SB_2$，中间继电器 KA 与时间继电器 KT 同时通电，经过一定的延时后，时间继电器 KT 动作，接触器 KM 通电。

**6．断电延时型时间继电器控制线路**

断电延时型时间继电器控制线路如图 5-50 所示。图中时间继电器 KT 为断电延时型时间继电器，其延时断开动合触点在 KT 线圈得电时闭合，KT 线圈断电时，经延时后该触点断开。

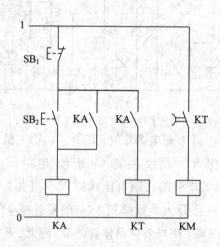

图 5-50　断电延时型时间继电器控制线路

# 三、速度继电器

速度继电器主要用做笼型异步电动机的反接制动控制，亦称反接制动继电器。

**1. 速度继电器外形结构及符号**

速度继电器的外形结构如图5-51(a)所示，图5-51(b)为其图形符号，其文字符号为KV。速度继电器主要由转子、定子和触点三部分组成。转子是一个圆柱形永久磁铁，定子是一个笼型空心圆环。定子由硅钢片叠成，并装有笼型绕组。

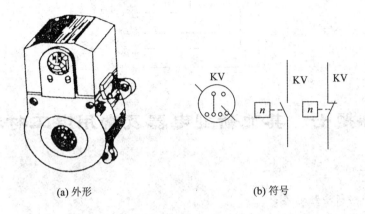

(a) 外形                              (b) 符号

图5-51　速度继电器外形结构及符号

**2. 速度继电器的动作原理**

速度继电器的动作原理如图5-52所示。其转轴与笼型异步电动机的轴相连接，而定子空套在转子上。当笼型异步电动机转动时，速度继电器的转子(永久磁铁)随之转动，在空间产生旋转磁场，切割定子绕组，而在其中感应出电流。此电流又在旋转的转子磁场作用下产生转矩，使定子随转子转动方向而旋转，和定子装在一起的摆锤推动动触头动作，使动断触点断开，动合触点闭合。当笼型异步电动机转速低于某一值时，定子产生的转矩减小，动触头复位。

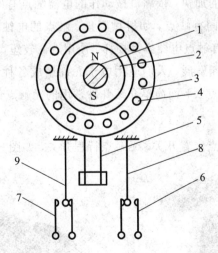

1—转轴；2—转子；3—定子；4—绕组；5—摆锤；6、7—静触点；8、9—动触点

图5-52　速度继电器的动作原理图

**3. 速度继电器的型号含义**

常用的速度继电器有 JY1 型和 JFZ0 型，其型号含义如下：

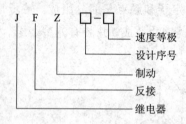

$$
\begin{matrix}
J & F & Z & \square - \square
\end{matrix}
$$

J F Z □-□
         └── 速度等极
      └──── 设计序号
    └────── 制动
  └──────── 反接
└────────── 继电器

# 课题七　其他新型电器及常用电工材料

## ◆ 学习目标

- 认识一些新型继电器；
- 了解新型继电器工作原理；
- 会选择和使用新型继电器。

传统的电磁式继电器由于有触点，故在开/合过程中存在机械磨损和电气损耗，导致器件反应速度慢、寿命短等，而无触点器件则有很多优点。

## 一、无触点电器

前面介绍的低压电器为有触点电器利用其触点闭合与断开来接通或断开电路，已达到控制目的。随着开关速度的加快，依靠机械动作的电器触点有的难以满足控制要求；同时，有触点电器还存在着一些固有缺点，如机械磨损、触点的电蚀损耗、触点开合时往往会颤动而产生电弧等。因此，有触点电器容易损坏、使用寿命较短，开关动作不可靠。随着电子技术、电力电子技术的不断发展，人们应用电子元件组成各种新型低压控制电器，可以克服有触点电器的一系列缺点。下面简单介绍几种常用的无触点低压电器。

### 1. 接近开关

接近开关也称为无触点位置开关、无触点行程开关，如图 5-53 所示，它除可以完成行

图 5-53　接近开关

程控制和限位保护外，还可作为检测金属物体存在、高速计数、测速、定位、变化运动方向、检测零件尺寸、液面控制及用作无触点按钮等。它具有工作可靠、寿命长、功耗低、体积小、动作灵敏、复定位精度高、操作频率高以及适应恶劣的工作环境等优点。

图 5-54 为晶体管停振型接近开关原理框图。

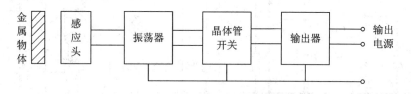

图 5-54　接近开关原理框图

### 2. 固态继电器

固态继电器(Solid State Relay，缩写为 SSR)又叫静态继电器，其输入用微小的控制信号，达到直接驱动大电流负载的目的，是由微电子电路，分立电子器件，电力电子功率器件组成的无触点开关。用隔离器件实现了控制端与负载端的隔离，具有开关速度快、工作频率高、质量轻、使用寿命长、噪声低和动作可靠等一系列优点，不仅在许多自动化装置中代替了常规的电磁式继电器，而且广泛应用于数字程控装置、调温装置，数据处理系统及计算机 I/O 接口电路。按负载类型固态继电器分为直流型(DC-SSR)和交流型(AC-SSR)。其实物图如图 5-55 所示。

(a) 三相固态继电器　　　　　　　　(b) 单相固态继电器

图 5-55　固态继电器

常用的 JGD 系列交流固态继电器的工作原理如图 5-56 所示。当无信号输入时，光耦中的光敏晶体管就截止，$VT_1$ 饱和导通，晶闸管 $SCR_1$ 阻断，整流桥流入的电流很小，不足以使双向晶闸管 $SCR_2$ 导通。

有信号输入时，光耦中的光敏晶体管导通，$VT_1$ 截止，整流电压经 $R_3$、$R_5$ 给晶闸管 $SCR_1$ 提供了触发电流，晶闸管 $SCR_1$ 导通有很大的电流，该电流达到晶闸管 $SCR_2$ 的导通值时晶闸管 $SCR_2$ 就会导通。晶闸管 $SCR_2$ 一旦导通，不论输入信号是否存在，只有当电流过零才能恢复阻断。电阻 $R_9$ 和电容 $C_1$ 组成浪涌抑制器。

JGD 型多功能交固态继电器按输出额定电流划分共有 4 种规格，有 1 A、5 A、10 A、

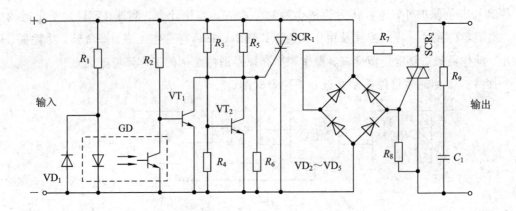

图 5-56　交流固态继电器工作原理图

20 A，电压均为 220 V，可根据负载电流选定相应规格。

① 电阻负载，如电阻炉、白炽灯，其冲击电流较小，按额定电流 80% 选用。

② 冷阻型负载，如冷光卤钨灯、电容负载等，浪涌电流比工作电流大几倍，一般按额定电流的 50%~30% 选用。

③ 电感负载，其电流中有无功分量，选择时按冷阻型负载选用。

固态继电器用于控制直流电动机时，应在负载两端接入二极管，以阻断反电动势。控制交流负载时，需估计过电压冲击的程度，并采取相应的保护措施（如阻容吸收电路或压敏电阻等）。当控制感性负载时，固态继电器的两端还要加压敏电阻。

**3. 液位继电器**

水泵控制是水利水电高职机电类专业学生必须掌握的技能，而液位继电器又是水泵常规控制的核心元件，设计开发合适的液位继电器应用实验项目作为教师的辅助教学手段，有助于帮助学生正确理解和掌握液位继电器的工作原理及应用。

1）JYB-714 型液位继电器简介

JYB-714 型液位继电器如图 5-57 所示，属于晶体管继电器，分为底座和本体两部分。作为一般科学实验及工业生产自动控制的基本元件，适用于额定控制电源电压不大于 380 V，额定频率 50 Hz，约定发热电流不大于 3 A 的控制电路中作液位控制元件；按要求接通或分断水泵控制电路，实现了自动供水和排水的功能，是液位控制电路中的核心元件。具有电路简便、体积小、重量轻、功耗小、稳定性高的优点，而且采用了电子管插入式结构，维修方便。

图 5-57　JYB-714 型液位继电器

2）JYB－714型液位继电器教学演示实验

（1）实验目的

认识、熟悉液位继电器，了解JYB－714型液位继电器的结构，电源类型，接线端子数目、作用，接线方式等。

（2）应用场合和实验性质

适用于教室或实验实训室，作为辅助教学手段。现场接线、工作演示。如果学生自己接线并进行操作即可变成实训性质的实验。

（3）设备材料及工具

JYB－714型液位继电器一只（AC220V），红绿信号灯各一只（AC220V），一个带软线的单相插头、软线长度与教室插座位置匹配，2米导线，剥线钳，螺丝刀，一杯自来水（水杯透明）。

（4）实验接线图

如图5－58所示。

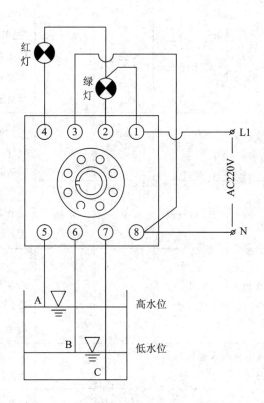

图5－58　JYB－714型液位继电器教学演示实验接线

JYB－714型液位继电器共有8个接线端子，其中：

①、⑧端子为继电器工作电源接线端子，电源有AC380V和AC220V两种电源，图5－58中液位继电器电源为AC220V，即①端子接L1，⑧端子接N；

②、③、④端子输出液位继电器的自动控制信号，输出端子工作电压为AC220V，③端子为输出信号公共端，②和③之间输出供水泵液位控制信号，③和④之间输出排水泵液位

控制信号；

⑤、⑥、⑦为水池中液位电极 A、B、C 对应的接线端子，液位电极端子间为 DC24V 的安全电压，⑤端子接高水位电极 A，⑥端子接低水位电极 B，⑦端子接水池中位置最低的公共电极 C。注意，实验中入水电极采用 $1\sim1.5\ mm^2$ 的铜芯硬质绝缘线，入水一端剥离 5 mm 绝缘皮。

（5）实验过程及现象

按照如图 5-58 完成接线后，即可进行演示实验，演示时液位的变化可采用升高或降低水杯来模拟。演示过程及现象如表 5-7 所示。

表 5-7　JYB-714 型液位继电器教学演示实验过程及现象列表

| 电源（①⑧） | 步骤 | 水杯动作（液位变化） | 液位电极状况（A、B、C） | 输出信号现象 | | 现象解读 |
|---|---|---|---|---|---|---|
| | | | | 绿灯（②③） | 红灯（③④） | |
| 接通 AC220V | 1 | 液位电极在水杯水面之上 | A、B、C 都未淹没 | 亮 | 不亮 | A、B、C 在水杯外，继电器"感知"水池中无水，需要起动供水泵抽水，②③接通输出供水泵运行信号，绿灯回路通，绿灯亮 |
| | 2 | 水杯（液位）上升 | C 淹没 | 亮 | 不亮 | 供水泵是低水位起动，高水位停止；排水泵是高水位起动、低水位停止。A 未淹没，水位未达高水位，供水信号继续存在，绿灯亮；排水信号无，红灯不亮 |
| | 3 | 水杯（液位）继续上升 | B、C 淹没 | 亮 | 不亮 | |
| | 4 | 水杯（液位）继续上升 | A、B、C 都淹没 | 灭 | 亮 | 水位到高水位，②③断，供水泵停止运行；水位到高水位，③④通，发出排水泵运行信号，红灯亮 |
| | 5 | 水杯（液位）转而下降 | A 露出水面 B、C 淹没 | 灭 | 亮 | B 淹没，水位未到低水位，供水、排水信号维持上述状态 |
| | 6 | 水杯（液位）继续下降 | A 在水面外 B 刚露出水面 C 淹没 | 亮 | 灭 | ②③接通输出供水泵运行信号，绿灯回路通，绿灯亮；③④断，发出排水泵停止运行信号，红灯灭 |
| | 7 | 水杯（液位）转而上升 | 在步骤 2~6 之间循环。可观察绿灯、红灯的明灭情况与液位变化的规律，以直接的视觉感受明确液位继电器的工作情况 | | | | |

（6）实验总结

根据上述的实验演示结果可总结出 JYB-714 型液位继电器的工作原理，其动作情况可用液位继电器的输出接点动作图表示，如图 5-59 所示。

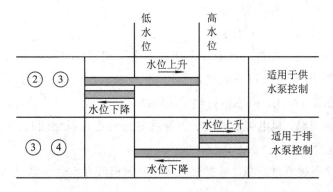

图例：▨ 表示对应接点接通，输出ON信号。

图 5-59  JYB-714 型液位继电器输出接点动作图

本实验项目演示操作方便，接线简单，学生可以直接参与，学生兴趣大，学习效果好。既可以在教室进行，也可以在实验实训室进行。如果设备、工具数量足够，由学生分组自己接线、验证操作，就可以达到实训的效果。如果将信号灯换成线圈电压为 AC220V 的交流接触器，便可以直接控制水泵电机，该演示实验便可以扩展成基于工程项目的实训性实验项目。

## 二、常用电工材料

### 1. 导线

铜芯、铝芯绝缘导线是电气控制系统中经常用到的电工材料之一，现简单介绍如下：

1）导线的常见类型

导线的常见类型如图 5-60 所示。

图 5-60  导线的常见类型

2）常见导线的型号及含义

多股铜芯塑料软导线又称铜芯氯乙烯软线，简称软电线，型号为 BVR，其含义如下：

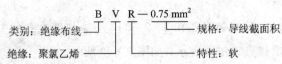

$$\underset{\underset{\text{绝缘: 聚氯乙烯}}{\underset{|}{}}}{\overset{\overset{\text{类别: 绝缘布线}}{\overset{|}{}}}{}} B \quad V \quad R \underset{\underset{\text{特性: 软}}{}}{— 0.75 \ mm^2} \underset{\text{规格: 导线截面积}}{}$$

铜芯塑料软导线的标称截面积范围: $0.5 \sim 185 \ mm^2$。

3) 导线的安全载流及选用规则

铜芯塑料软导线长期允许工作温度不超过 65℃, 安装环境温度不低于 $-15$℃。可应用在交流 500 V 直流 1000 V 及以下电气装置、电工仪表电信设施、电力及照明线路的电气接线中, 明敷、暗敷均可采用。铜芯塑料软导线的线芯由多股细铜丝胶合而成, 线质较柔软, 常常用于电力拖动线路、机电控制线路、小容量电机的连接及空间较小的低压电器盒照明配电用具的电气连线。

(1) 导线的安全载流量选择。单根 RV、RVV 型电线在空气中敷设时的安全载流量(环境温度为 25℃)见表 5 - 8。

表 5 - 8　RV、RVV 型电线在空气中敷设时的安全载流量(环境温度为 25℃)

| 标称截面积 | 长期连续负荷允许载流量/A | | | |
|---|---|---|---|---|
| | 一芯 | | 二芯 | |
| | 铜芯 | 铝芯 | 铜芯 | 铝芯 |
| 0.3 | 9 | — | 7 | — |
| 0.4 | 11 | — | 8.5 | — |
| 0.5 | 12.5 | — | 9.5 | — |
| 0.75 | 16 | — | 12.5 | — |
| 1.0 | 19 | — | 15 | — |
| 1.5 | 24 | — | 19 | — |
| 2.0 | 32 | 25 | 26 | 20 |
| 4 | 42 | 34 | 36 | 26 |
| 6 | 55 | 43 | 47 | 33 |
| 10 | 75 | 59 | 65 | 51 |

(2) 导线的选用原则:

① 看用途。是专用线还是通用线, 是户内还是户外, 是固定还是移动, 确定类型。

② 看环境。依据温度、湿度、散热条而选线芯的长期允许工作温度。导线的截面积的选择取决于导线的安全载流量。影响导线安全载流量的因素很多, 如导线线芯材料、绝缘材料、敷设方式及环境条件等, 每一种导线在不同使用条件下的安全载流量均可以在各有关手册中查到。一般按下列经验公式选取允许电流密度, 进而确定导线截面积。

铜导线: $5 \sim 8 \ A/mm^2$

铝导线: $3 \sim 5 \ A/mm^2$

如: $2.5 \ mm^2$ BVV 铜导线安全载流量的推荐值 $2.5 \times 8 \ A/mm^2 = 20 \ A$

4 mm² BVV 铜导线安全载流量的推荐值 4×8 A/mm² ＝32 A

按受外力的情况，选择户外线的机械强度。有腐蚀性气体、液体、油污的浸渍等选择耐化学性。按震动大小、弯曲状况选择柔软性。按是否要防电磁干扰选择是否采用屏蔽线。

③ 看额定工作电压选导线的电压等级，依据负载的电流值选择导线的截面积。还应注意输电导线不宜过长。线路总电压将不超过 5%。

④ 看经济指标。不能单纯要求各方面技术性能指标均优而使导线价格偏高。在满足使用要求的前提下尽可能选择价格便宜的导线。提倡选用铝芯线。既价廉又节省铜资源。

**2. 接线端子**

电气控制装配接线中，凡控制屏内设备与外部设备连接时，都要通过一些专门的接线端子，这些接线端子组合起来，便称为端子排。端子排的作用就是将屏内设备和屏外设备的线路相连接，起到信号(电压电流)传输作用。有了端子排，使得接线美观，维护方便，在远距离线之间的连接时更加牢靠，施工和维护方便。接线端子排的常见类型如图 5－61所示。

图 5－61　接线端子排的常见类型

接线端子的作用是方便导线的连接，它其实就是一段封在绝缘塑料里面的金属片，两端都有孔，可以插入导线，有螺纹用于紧固或松开。如两根导线有时需要连接，有时又需要断开，就可以用端子把它们连接起来，并且可以随时断开，而不必把它们焊接起来或缠绕在一起。接线端子的另一作用就是适合大量的导线互联，如在自动化生产线或建筑电气控制中就有专门的端子排、端子箱，里面全是接线端子，单层的、双层的、电流的、电压的、普通的、可断的等。

接线端子有很多生产厂商，每家型号都不一样。在选用前要了解想要什么样的端子排。按端子的功能分为普通端子、保险端子、试验端子、接地端子、双层端子、双层导通端子、三层端子等。按电流分类，分为普通端子(小电流端子)、大电流端子(100 A 以上或25 mm²线以上)。按外形分类，可分为导轨式端子、固定式端子等。

1) 接线端子排的选用

(1) 根据装置控制回路接线的需要选配接线端子数量和功能。

（2）按正常工作条件选用接线端子排的额定电压不低于装置的额定电压，其额定电流不低于所在回路的额定电流。

（3）根据实际使用环境选用几线端子排可以连接的导线数和最大截面积，通常接线端子排可连接导线的最大截面积可以降两个级别使用。

2）接线端子排安装和操作规则

（1）接线端子排安装在面板时，应整齐、排列合理，布置于控制板或控制柜边缘。

（2）接线端子排的安装应牢固，其金属外壳部分应可靠接地。

# 内 容 小 结

按用途不同分类，低压控制电器主要起控制作用，它们分为刀开关、组合开关、按钮、接触器、中间继电器、时间继电器、行程开关等。低压保护电器主要起保护作用，它们分为熔断器、空气断路器、热继电器等。

利用电器元件的图形符号和文字符号绘制的，用来描述电气设备结构、工作原理和技术要求的图，即为电气图。电气图包括电气原理图、电气安装图、电气互连图等，在实际工作中，它们各有不同的作用，一般不能相互取代。

基本电气控制环节有点动控制、长动控制、正反转控制、顺序控制、多点控制、时间控制和行程控制。长动和点动控制的根本区别在于其控制线路中是否有自锁环节，有即为长动，没有即为点动。根据正、反转控制使用器件不同，有电气互锁和机械互锁的区别，如果在一个控制电路中，既有电气互锁，也有机械互锁，则称为双重互锁，这种控制电路具有很高的可靠性。顺序控制是指多台电机按事先约定的步骤依次工作。多点控制是指在多个不同的地点可以对同一台电机进行控制。时间（延时）控制是以时间为参量进行的控制。行程控制是根据运动部件的位置不同而进行的一种控制，常用来作程序控制、自动循环控制、限位及终端保护。

# 思 考 题 与 习 题

5-1　什么是电气原理图、电气安装图和电气互连图？它们各起什么作用？

5-2　接触器和中间继电器的作用是什么？它们有什么区别？

5-3　中间继电器和接触器有何异同？在什么条件下可以用中间继电器代替接触器起动电机？

5-4　交流接触器线圈断电后，动铁心不能立即释放，从而使电机不能及时停止，原因何在？应如何处理？

5-5　电机的起动电流很大，当电机起动时，热继电器是否会动作？为什么？

5-6　在电机的主电路中装有熔断器，为什么还要装热继电器？装了热继电器是否可以不装熔断器？为什么？

5-7 交流电机的主电路中装有熔断器作短路保护，能否同时起到过载保护作用？为什么？

5-8 试分析图 5-62 中电机具有几种工作状态？各按钮、开关、触点的作用是什么？

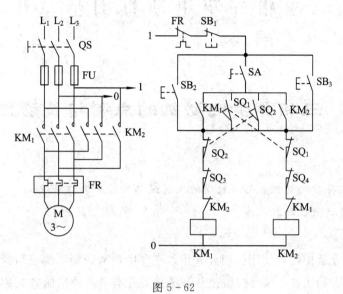

图 5-62

# 项目六 三相异步电动机的基本控制线路

## 课题一 三相异步电动机的点动与长动控制线路

### ◇ 学习目标

- 熟悉三相异步电动机点动与长动的控制线路构成及工作原理；
- 选用合适的低压电器元件。

在电气控制系统中经常使用按钮开关作为主令电器对控制系统进行操作控制，起动按钮按下控制系统开始工作，起动按钮松开系统停止工作，这种控制方式称为点动控制；起动按钮按下控制系统开始工作，起动按钮松开系统继续工作，直到停止按钮按下系统停止工作，这种控制方式称为长动控制或连续运转控制。

### 一、点动控制

点动控制是指按下起动按钮三相异步电动机得电起动运转，松开起动按钮三相异步电动机失电直至停转。点动控制线路如图 6-1 所示。

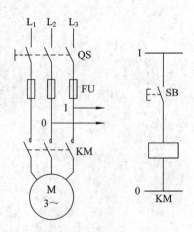

图 6-1 点动控制线路

图 6-1 中左侧部分为主回路，三相电源经刀开关 QS、熔断器 FU 和接触器 KM 的三

对主触点，接到三相异步电动机 M 的定子绕组上。主电路中流过的电流是三相异步电动机的工作电流，电流值较大。右侧部分为控制电路，由按钮 SB 和接触器线圈 KM 串联而成，控制电路电流较小。

线路动作原理：

（1）合上刀开关 QS 后，因没有按下点动按钮 SB，接触器 KM 线圈没有得电，KM 的主触点断开，三相异步电动机 M 不得电，所以不会起动。

（2）按下点动按钮 SB 后，控制回路中接触器 KM 线圈得电，其主回路中的动合触点闭合，三相异步电动机得电起动运行。

（3）松开按钮 SB，按钮在复位弹簧作用下自动复位，断开控制电路 KM 线圈，主电路中 KM 触点恢复原来断开状态，三相异步电动机断电直至停止转动。

控制过程也可以用符号来表示，其方法规定为：各种电器在没有外力作用或未通电的状态记为"－"，电器在受到外力作用或通电的状态记为"＋"，并将它们的相互关系用线段"——"表示，线段的左边符号表示原因，线段的右边符号表示结果，自锁状态用在接触器符号右下角写"自"表示。那么，三相异步电动机直接起动控制线路控制过程就可表示如下：

起动过程：$SB^+$——$KM^+$——$M^+$（起动）

停止过程：$SB^-$——$KM^-$——$M^-$（停止）

其中，$SB^+$ 表示按下，$SB^-$ 表示松开。

该控制电路中，QS 为刀开关，不能直接给三相异步电动机 M 供电，只起到电源引入的作用。主回路熔断器 FU 起短路保护作用，如发生三相电路的任两相电路短路，短路电流将使熔断器迅速熔断，从而切断主电路电源，实现对三相异步电动机的短路保护。

## 二、长动控制

长动控制是指按下按钮后，三相异步电动机通电起动运转，松开按钮后，三相异步电动机仍继续运行，只有按下停止按钮，三相异步电动机才失电直至停转。长动与点动主要区别在于松开起动按钮后，三相异步电动机能否继续保持得电运转的状态。如果所设计的控制线路能满足松开起动按钮后，三相异步电动机仍然保持运转，即完成了长动控制，否则就是点动控制。长动控制线路如图 6 - 2 所示。

比较图 6 - 1 点动控制线路和图 6 - 2 长动控制线路可见，长动控制线路是在点动控制线路的起动按钮 $SB_2$ 两端并联一个接触器的辅助动合触点 KM，再串联一个动断（停止）按钮 $SB_1$。

线路动作原理为：

合上刀开关 QS

起动：$SB_2^\pm$——$KM_自^+$——$M^+$（起动）

停止：$SB_1^\pm$——KM——$M^-$（停止）

其中，$SB_2^\pm$、$SB_1^\pm$ 表示先按下，后松开；$KM_自^+$ 表示"自锁"。

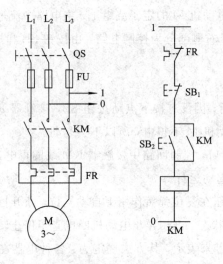

图 6-2　长动控制线路

　　所谓"自锁"，是依靠接触器自身的辅助动合触点来保证线圈继续通电的现象。带有"自锁"功能的控制线路具有失压(零压)和欠压保护作用。即：一旦发生断电或电源电压下降到一定值(一般降低到额定值 85％以下)时，自锁触点就会断开，接触器 KM 线圈就会断电，不重新按下起动按钮 $SB_2$，三相异步电动机将无法自动起动。只有在操作人员有准备的情况下再次按下起动按钮 $SB_2$，三相异步电动机才能重新起动，从而保证了人身和设备的安全。

## 三、长动与点动综合控制线路

　　有些生产机械要求三相异步电动机既可以长动又可以点动，如一般机床在正常加工时，三相异步电动机是连续转动的，即长动，而在试车调整时，则往往需要点动。下面分别介绍几种不同的既可长动又可点动的控制线路。

### 1. 利用开关控制的长动和点动控制线路

　　利用开关控制的既能长动又能点动的控制线路如图 6-3 所示。

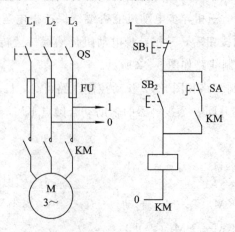

图 6-3　利用开关控制的长动、点动线路

图 6-3 中 SA 为选择开关，当 SA 断开时，按 $SB_2$ 为点动操作；当 SA 闭合时，按 $SB_2$ 为长动操作。

线路动作原理为：

点动（SA 断开）：$SB_2^+$ —— $KM^+$ —— $M^+$（运转）

$SB_2^-$ —— $KM^-$ —— $M^-$（停车）

点动（SA 断开）：$SB_2^\pm$ —— $KM_{自}^+$ —— $M^+$（运转）

$SB_1^\pm$ —— $KM^-$ —— $M^-$（停车）

**2. 利用复合按钮控制的长动和点动控制线路**

利用复合按钮控制的既能长动又能点动的控制线路如图 6-4 所示。其动作原理请读者自行分析。

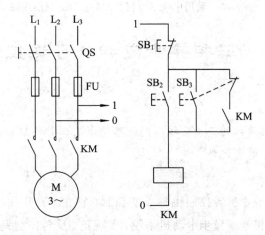

图 6-4　利用复合按钮控制的长动、点动线路

图 6-4 中 $SB_2$ 为长动按钮；$SB_3$ 为点动按钮，但需注意它是一个复合按钮，使用了一对动合触点和一对动断触点。

在点动控制中，按下点动按钮 $SB_3$，它的动断触点先断开接触器的自锁电路；动合触点后闭合，接通接触器线圈。松开 $SB_3$ 按钮时，它的动合触点先恢复断开，切断了接触器线圈电源，使其断电；而 $SB_3$ 的动断触点后闭合。

**3. 利用中间继电器控制的长动和点动控制线路**

利用中间继电器控制的既能长动又能点动的控制线路如图 6-5 所示。图 6-5 中的 KA 为中间继电器，其动作原理请读者自行分析。

上述线路能够实现长动和点动控制的根本原因，在于能否保证 KM 线圈得电后，自锁支路被接通。能够接通自锁支路就可以实现长动，否则只能实现点动。

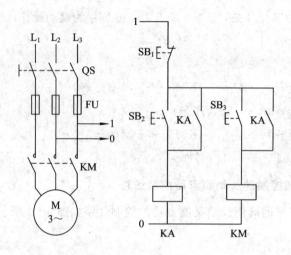

图 6-5　利用中间继电器控制的长动、点动线路

# 课题二　三相异步电动机可逆控制线路

## ◆ 学习目标

- 熟悉三相异步电动机的正、反转控制线路构成及工作原理；
- 选用合适的低压电器元件。

三相异步电动机的正、反转控制也称可逆控制，它在生产中可实现生产部件向正、反两个方向运动。对于三相笼型异步电动机来说，实现正、反转控制只需改变其电源相序，即将主回路中的三相电源线任意两相对调即可。常有两种控制方式：一种是利用倒顺开关（或组合开关）改变相序，另一种是利用接触器的主触点改变相序。前者主要适用于不需要频繁正、反转的三相异步电动机，而后者则主要适用于需要频繁正、反转的三相异步电动机。

### 一、无互锁的三相异步电动机正反转控制线路

将两个转向不同的单相异步电动机控制线路揉和可组成如图 6-6 所示的控制线路。主电路通过两个交流接触器 $KM_1$、$KM_2$ 的主触头的通断来实现三相异步电动机三相电源相序的切换，从而实现三相异步电动机的正、反转。当需要正转时，按下正向起动按钮 $SB_2$，使得 $KM_1$ 线圈带电，触头吸合并且自锁，三相异步电动机正向起动并连续运行；当需要三相异步电动机反向运行时，只需按下反向起动按钮 $SB_3$，使得 $KM_2$ 线圈带电，其触头吸合并自锁，三相异步电动机反向起动并连续运行。

但在实际操作中，若三相异步电动机已经进入正转工作状态，而此时若又按下反向起动按钮 $SB_3$，由于正、反向电源相序控制接触器 $KM_1$、$KM_2$ 线圈同时带电，$KM_1$、$KM_2$ 接触器主触头同时吸合，将会导致两相电源短路的严重事故。故而要求两个电源相序控制接

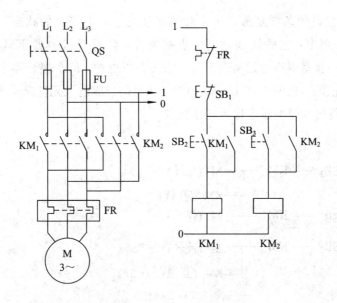

图 6-6　无互锁的正、反转控制线路

触器 $KM_1$、$KM_2$ 线圈在任何情况下最多只能有一个带电。

## 二、接触器互锁正、反转控制线路

接触器互锁正、反转控制线路如图 6-7 所示。

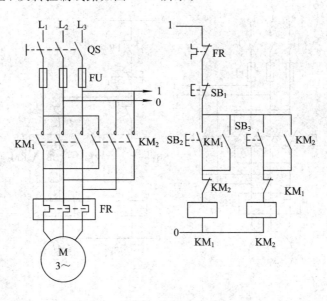

图 6-7　接触器互锁正、反转控制线路

图 6-7 中 $KM_1$ 为正转接触器，$KM_2$ 为反转接触器。显然 $KM_1$ 和 $KM_2$ 两组主触点不能同时闭合，否则会引起电源短路，即要求 $KM_1$ 和 $KM_2$ 两接触器线圈不能同时通电。

控制线路中，正、反转接触器 $KM_1$ 和 $KM_2$ 线圈支路都分别串联了对方的动断触点，任何一个接触器接通的条件是另一个接触器必须处于断电释放的状态。例如正转接触器 $KM_1$ 线圈被接通得电，它的辅助动断触点被断开，将反转接触器 $KM_2$ 线圈支路切断，$KM_2$ 线圈在 $KM_1$ 接触器得电的情况下是无法接通得电的。两个接触器之间的这种相互关系称为"互锁"（连锁）。在图 6-7 所示线路中，互锁是依靠电气元件来实现的，所以也称为电气互锁。实现电气互锁的触点称为互锁触点。

线路动作原理为：

$$正转：SB_2^{\pm} \longrightarrow KM_{1自}^{+} \begin{cases} M^{+}(正转) \\ KM_2^{-}(互锁) \end{cases}$$

$$停止：SB_1^{\pm} \longrightarrow KM_1^{-} \longrightarrow M^{-}(停车)$$

$$反转：SB_3^{\pm} \longrightarrow KM_{2自}^{+} \begin{cases} M^{+}(反转) \\ KM_1^{-}(互锁) \end{cases}$$

接触器互锁正、反转控制线路存在的主要问题是从一个转向过渡到另一个转向时，要先按停止按钮 $SB_1$，不能直接过渡，显然这是十分不方便的。

## 三、按钮互锁正、反转控制线路

按钮互锁正、反转控制线路如图 6-8 所示。

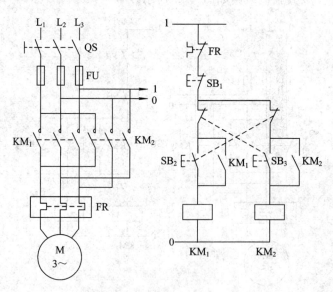

图 6-8 按钮互锁正、反转控制线路

图 6-8 中 $SB_2$、$SB_3$ 为复合按钮，各有一对动断触点和动合触点，其中动断触点分别串联在对方接触器线圈支路中，这样只要按下按钮，就自然切断了对方接触器线圈支路，实现互锁。这种互锁是利用按钮来实现的，所以称为按钮互锁。

线路动作原理为：

正转：$SB_2^{\pm}$ ——$KM_2^{-}$（互锁）

    └——$KM_{1\text{自}}^{+}$——$M^+$（正转）

  由此可见，按钮互锁正、反转控制电路可以从正转直接过渡到反转，即可实现"正—反—停"控制。

  按钮互锁存在的主要问题是容易产生短路事故。例如，三相异步电动机正转接触器$KM_1$主触点因弹簧老化或剩磁的原因而延迟释放时，或者被卡住而不能释放时，如按下$SB_3$反转按钮，$KM_2$接触器又得电使其主触点闭合，则会导致主电路电源短路。

## 四、双重互锁正、反转控制线路

  双重互锁正、反转控制线路如图6-9所示。

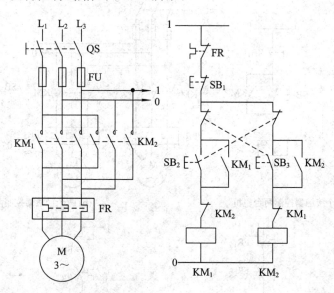

图6-9 双重互锁正、反转控制线路

  双重互锁线路综合了电气互锁和按钮互锁的优点，是一种比较完善的既能实现正、反转直接起动的要求，又具有较高安全可靠性的线路。

  其动作原理请读者自行分析，并考虑该控制线路的优缺点。

# 课题三 三相异步电动机的顺序控制、多点控制、自动往返控制线路

## ▷ 学习目标

- 选择合适的低压电器元件以满足控制要求；
- 熟悉顺序控制、多点控制、自动往返控制线路的构成及工作原理。

在电气控制中，经常用到顺序控制（使负载按设定的先后次序工作）、多点控制（在不同位置控制系统工作）、自动往返控制（借助位置开关实现两地往复运动）等满足系统控制要求。

## 一、顺序控制线路

顺序控制是指生产机械中多台三相异步电动机按预先设计好的次序先后起动或停止的控制。

### 1. 同时起动、同时停止的控制线路

同时起动、同时停止的控制线路如图 6-10 所示。

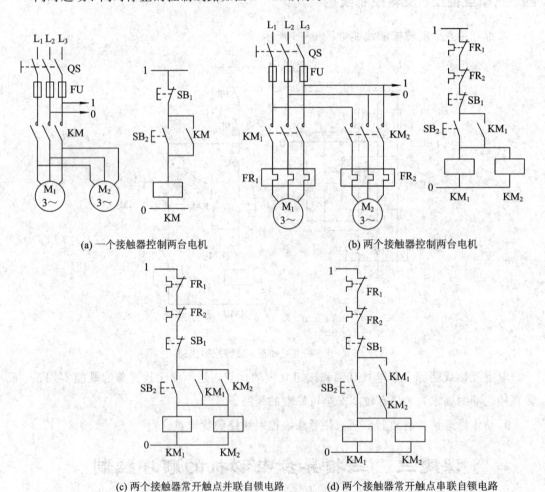

(a) 一个接触器控制两台电机      (b) 两个接触器控制两台电机

(c) 两个接触器常开触点并联自锁电路      (d) 两个接触器常开触点串联自锁电路

图 6-10 同时起动、同时停止的控制线路

图 6-10(a) 为一个接触器控制两台（或多台）三相异步电动机的同时起动、同时停止控制线路，其不足之处是接触器的主触点通过两台（或多台）三相异步电动机的定子电流，因而对其容量有一定的要求。图 6-10(b)、图 6-10(c)、图 6-10(d) 为两个（或多个）接触器

分别控制两台（或多台）三相异步电动机的同时起动、同时停止控制线路。其中图6-10(b)中只用一对接触器动合触点作"自锁"，图6-10(c)用两对（或多对）接触器动合触点并联作"自锁"，图6-10(d)用两对（或多对）接触器动合触点串联作"自锁"。

**2. 顺序起动、同时停止的控制线路**

顺序起动、同时停止的控制线路如图6-11所示。三相异步电动机 $M_1$ 起动运行之后三相异步电动机 $M_2$ 才允许起动。

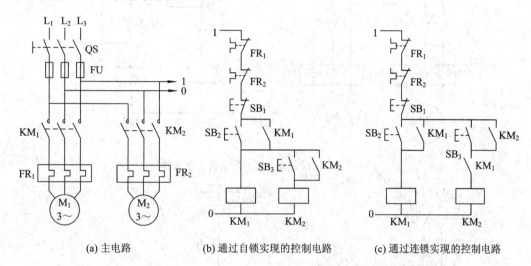

图6-11　顺序起动、同时停止的控制线路

图6-11(a)控制线路是通过接触器 $KM_1$ 的"自锁"触点来制约接触器 $KM_2$ 的线圈的。只有在 $KM_1$ 动作后，$KM_2$ 才允许动作。

图6-11(b)控制线路是通过接触器 $KM_1$ 的"连锁"触点来制约接触器 $KM_2$ 的线圈的，也只有在 $KM_1$ 动作后，$KM_2$ 才允许动作。

**3. 同时起动、顺序停止的控制线路**

同时起动、顺序停止的控制线路如图6-12所示。三相异步电动机 $M_1$ 断电停车后三相异步电动机 $M_2$ 才允许断电停车。

图6-12中接触器 $KM_1$ 的动合触点串联在接触器 $KM_2$ 的线圈支路，这不仅使接触器 $KM_1$ 与接触器 $KM_2$ 同时动，而且只有在 $KM_1$ 断电释放后，按下按钮 $SB_3$ 才可使接触器 $KM_2$ 断电释放。

**4. 时间继电器控制的顺序起动控制线路**

在许多控制系统中，要求系统控制的三相异步电动机为自动顺序起动，也就是当用户按下起动按钮后第一台三相异步电动机立刻起动，第二台三相异步电动机是在第一台三相异步电动机起动一段时间后自行起动不需要用户操作相应的控制开关。其线路如图6-13所示。

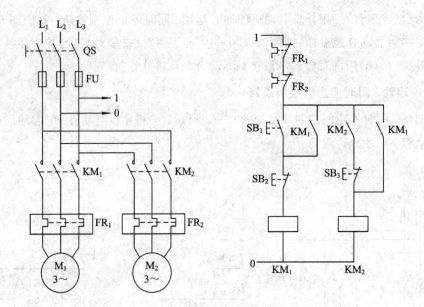

图 6-12　同时起动、顺序停止的控制线路

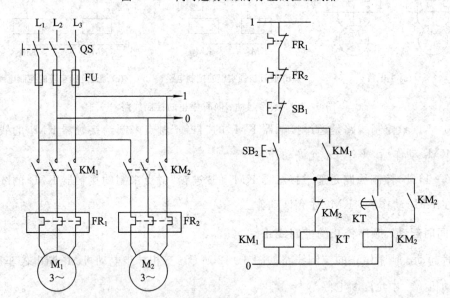

图 6-13　时间继电器控制的顺序起动线路

## 二、多点控制线路

多点控制是指为了操作方便,在多个地点对同一台三相异步电动机进行起动或停止的控制。

多点控制的特点是所有起动按钮(SB₃ 和 SB₄)全部并联在自锁触点两端,按下任何一个都可以起动三相异步电动机;所有停止按钮(SB₁ 和 SB₂)全部串联在接触器线圈回路,按下任何一个都可以停止三相异步电动机的工作。多点控制线路图如图 6-14 所示,其动作原理请读者自行分析。

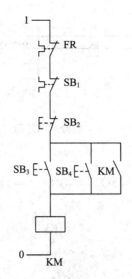

图 6 - 14　多点控制线路

## 三、自动往复循环控制线路

在实际应用中,有些工作台需要自动往复循环运行,通常使用限位开关来控制三相异步电动机的正反转切换,从而实现机械运动的自动往复。自动往复循环控制线路如图6－15所示;机械运动示意图如图6－16所示。

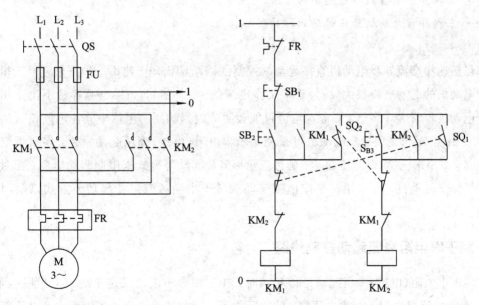

图 6 - 15　自动往复循环控制线路

图 6 - 16 中工作台在行程开关 $SQ_1$ 和 $SQ_2$ 之间自动往复运动。图 6 - 15 控制线路中,设 $KM_1$ 为向左运动接触器,$KM_2$ 为向右运动接触器,工作台在 $SQ_1$ 和 $SQ_2$ 之间周而复始地往复运动,直到按下停止按钮 $SB_1$ 为止。

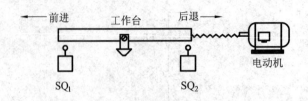

图 6-16 机械运动的示意图

自动循环控制线路动作原理为：

$$SB_2^{\pm} \underline{\quad} KM_{1自}^{+} \underline{\quad} M^{+}(正转) \xrightarrow{\Delta S} SQ_1^{+} \underline{\quad} KM_1^{-} \underline{\quad} M^{-}(停车)$$

$$\underline{\quad} KM_2^{-}(互锁) \qquad \underline{\quad} KM_{2自}^{+} \underline{\quad} M^{+}(反转) \xrightarrow{\Delta S} SQ_2^{+} \underline{\quad} KM_2^{-}\cdots$$

$$\underline{\quad} KM_1^{-}(互锁) \qquad\qquad \underline{\quad} KM_{1自}^{+}\cdots$$

# 课题四　三相异步电动机的起动控制线路

## ▷ 学习目标

- 三相异步电动机降压起动的原因；
- 三相异步电动机降压起动的方法；
- 三相异步电动机降压起动的控制线路。

　　虽然三相交流异步电动机直接起动的控制线路结构简单，使用维护方便，但三相交流异步电动机的起动电流很大（约为正常工作电流的 $4\sim7$ 倍），如果电源容量不比三相交流异步电动机容量大许多倍，则起动电流可能会明显地影响同一电网中其他电气设备的正常运行。因此，对于笼型异步电动机可采用定子串电阻（电抗）降压起动、定子串自耦变压器降压起动、星形-三角形降压起动、延边三角形降压起动等方式来限制起动电流；而对于绕线转子异步电动机，可采用转子串电阻起动或转子串频敏变阻器起动等方式以限制起动电流。

## 一、定子串电阻降压起动控制线路

　　定子串电阻（电抗）降压起动是指起动时，在三相异步电动机定子绕组上串联电阻（电抗），起动电流在电阻上产生电压降，使实际加到三相异步电动机定子绕组中的电压低于额定电压，待三相异步电动机转速上升到一定值后，再将串联电阻（电抗）短接，使三相异步电动机在额定电压下运行。

### 1. 按钮控制线路

按钮控制三相异步电动机定子串电阻降压起动线路如图 6-17 所示。

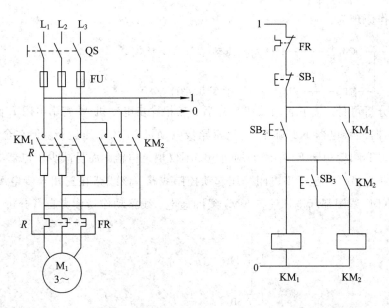

图 6 - 17  按钮控制三相异步电动机定子串电阻降压起动线路

线路动作原理为：

$$SB_2^{\pm}\text{—}KM_{1\text{自}}^{+}\text{—}M^{+}(\text{串 } R \text{ 降压起动})n_2 \uparrow$$

$$SB_3^{\pm}\text{—}KM_2(\text{短接降压电阻 } R)\text{—}M^{+}(\text{全压运行})$$

式中，$n_2 \uparrow$ 是指转子转速的上升。该控制线路的优点是结构简单，缺点是不能实现起动全过程自动化。如果过早按下 $SB_3$ 运行按钮，在三相异步电动机还没有达到额定转速附近就加全压，会引起较大的起动电流，并且起动过程要分两次按下 $SB_2$ 和 $SB_3$ 也显得很不方便。

**2. 时间继电器控制线路**

时间继电器控制三相异步电动机定子串电阻降压起动控制线路如图 6 - 18 所示。

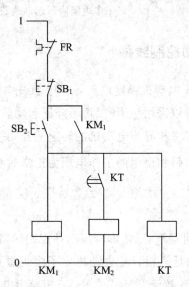

图 6 - 18  时间继电器控制三相异步电动机定子串电阻降压起动控制线路

线路动作原理为：

$$SB_2 \pm \begin{array}{l} ── KM_1 {}^+_{\text{自}} ── M^+ (\text{串}R\text{降压起动}) \\ ── KT^+ \xrightarrow{\Delta t} KM_2^+ ── M^+ (\text{全压运行}) \end{array}$$

由以上分析可见，按下起动按钮 $SB_2$ 后，三相异步电动机 M 先串电阻 R 降压起动，经一定延时(由时间继电器 KT 确定)，三相异步电动机 M 才全压运行。但在全压运行期间，时间继电器 KT 和接触器 $KM_1$ 线圈均通电，不仅消耗电能，而且减少了电器的使用寿命。

图 6-19 为另一种定子串电阻降压起动控制线路。该线路在三相异步电动机全压运行时，KT 和 $KM_1$ 线圈都断电，只有 $KM_2$ 线圈通电。线路动作请读者自行分析。

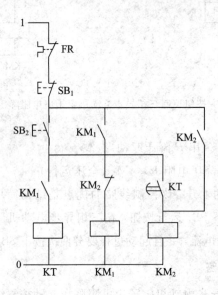

图 6-19　定子串电阻降压起动线路

## 二、星形-三角形降压起动控制线路

对于正常运行时三相异步电动机额定电压等于电源线电压，定子绕组为三角形联结方式的三相交流异步电动机，可以采用星形-三角形降压起动。它是指起动时，将三相异步电动机定子绕组联结成星形，待三相异步电动机的转速上升到一定值时，再换成三角形联结。这样，三相异步电动机起动时每相绕组的工作电压为正常时绕组电压的 $1/\sqrt{3}$，起动电流为三角形直接起动时的 $1/3$。

### 1. 手动控制线路

手动控制三相异步电动机星形-三角形降压起动控制线路如图 6-20 所示。图中手动控制开关 SA 有两个位置，分别是三相异步电动机定子绕组星形联结和三角形联结。线路动作原理为：起动时，将开关 SA 置于"起动"位置，三相异步电动机定子绕组被联结成星形降压起动，当三相异步电动机转速上升到一定值后，再将开关 SA 置于"运行"位置，使三相异步电动机定子绕组联结成三角形，三相异步电动机全压运行。

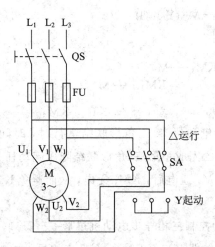

图 6 - 20　手动控制星形-三角形降压起动控制线路

### 2. 自动控制线路

采用接触器控制星形-三角形降压起动线路如图 6 - 21 所示。图中使用了三个接触器 $KM_1$、$KM_2$、$KM_3$ 和一个通电延时型的时间继电器 KT，当接触器 $KM_1$、$KM_3$ 主触点闭合时，三相异步电动机 M 绕组为星形联结；当接触器 $KM_1$、$KM_2$ 主触点闭合时，三相异步电动机 M 绕组为三角形联结。

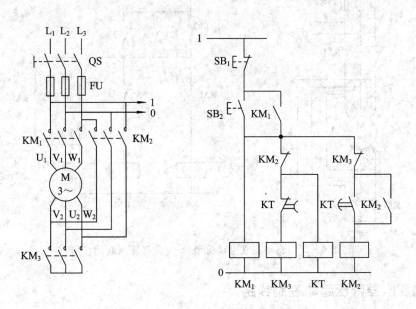

图 6 - 21　接触器控制星形-三角形降压起动线路

图 6-21 线路动作原理为：

$$\text{SB}_2^{\pm} \longrightarrow \text{KM}_3^{+} \longrightarrow \text{M}^{+}\text{(Y起动)}$$

$$\longrightarrow \text{KM}_{1\text{自}}^{+}$$

$$\longrightarrow \text{KT}^{+} \xrightarrow{\triangle t} \text{KM}_3^{-} \longrightarrow \text{M}^{-}$$

$$\longrightarrow \text{KM}_{2\text{自}}^{+} \longrightarrow \text{M}^{+}\text{(△运行)}$$

$$\longrightarrow \text{KT}^{-}, \text{KM}_3^{-}$$

上述线路中，三相异步电动机 M 三角形联结运行时，时间继电器 KT 和接触器 KM₃ 均断电释放，这样，不仅使已完成星形-三角形联结降压起动任务的时间继电器 KT 不再通电，而且可以确保接触器 KM₂ 通电后，KM₃ 无电，从而避免 KM₃ 与 KM₂ 同时通电造成短路事故。

图 6-22 为另一种自动控制三相异步电动机星形-三角形联结降压起动的控制线路。图 6-22 中不仅只采用两个接触器 KM₁、KM₂，而且三相异步电动机由星形接法转为三角形接法时是在切断电源的同一时刻完成的。即按下按钮 SB₂，接触器 KM₁ 通电，三相异步电动机 M 接成星形起动，经一段时间后，KM₁ 瞬时断电，KM₂ 通电，三相异步电动机 M 接成三角形起动，然后 KM₁ 再重新通电，三相异步电动机 M 三角形全压运行。线路动作原理请读者自行分析。

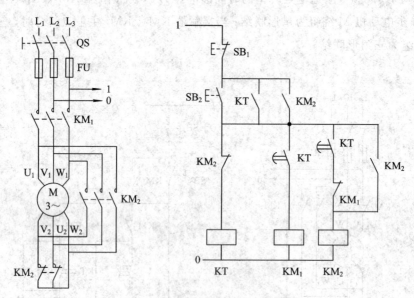

图 6-22　自动控制电动机星形-三角形降压起动线路

## 三、自耦变压器降压起动控制线路

对于容量较大的正常运行时定子绕组联结成星形的笼型异步电动机，可采用自耦变压器降压起动。它是指起动时，将自耦变压器接入笼型异步电动机的定子回路，待笼型异步电动机的转速上升到一定值时,再切除自耦变压器,使笼型异步电动机定子绕组获正常工作电压。这样,起动时笼型异步电动机每相绕组电压为正常工作电压的 $1/k$($k$ 是自耦变压器的匝数比,$k = N_1/N_2$),起动电流也为全压起动电流的 $1/k$。

**1. 手动控制线路**

自耦变压器降压起动手动控制线路如图 6-23 所示。图中操作手柄有三个位置:"停止"、"起动"和"运行"。操作机构中设有机械连锁机构,它使得操作手柄未经"起动"位置就不可能扳到"运行"位置,保证了笼型异步电动机必须先经过起动阶段以后才能投入运行。

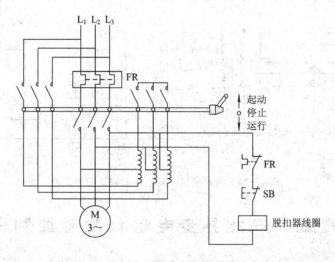

图 6-23 自耦变压器降压起动手动控制线路

线路动作原理为:

当操作手柄置于"停止"位置时,所有的动、静触点都断开,笼型异步电动机定子绕组断电,停止转动。

当操作手柄向上推至"起动"位置时,起动触点和中性触点同时闭合,电流经起动触点流入自耦变压器,再由自耦变压器的 $65\%$(或 $85\%$)抽头处输出到笼型异步电动机的定子绕组,使定子绕组降压起动。随着起动的进行,转子转速升高到接近额定转速附近,此时可将操作手柄扳到"运行"位置,此时起动工作结束,笼型异步电动机定子绕组得到电网额定电压,笼型异步电动机全压运行。

停止时须按下 SB 按钮,使失压脱扣器的线圈断电而造成衔铁释放,通过机械脱扣装置将运行触点断开,切断电源,同时也使手柄自动跳回到"停止"位置,为下一次起动作准备。

**2. 自动控制线路**

自耦变压器降压起动自动控制线路如图 6-24 所示,它是依靠接触器和时间继电器实现自动控制的。

其中,信号指示电路由变压器和三个指示灯等组成,它们分别根据控制线路的工作状态显示"起动"、"运行"和"停机"。

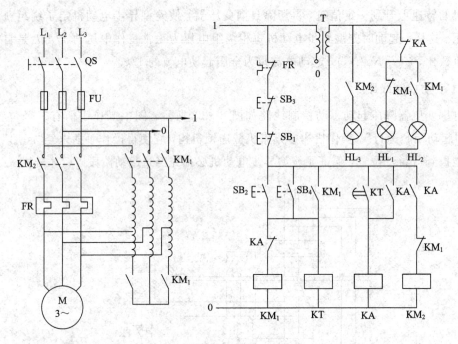

图 6-24　自耦变压器降压起动自动控制线路

# 课题五　三相异步电动机制动控制线路

## ◆ 学习目标

- 熟悉三相异步电动机制动常用的方法；
- 熟悉常用电磁制动原理；
- 三相异步电动机电磁的控制线路。

在生产过程中，有些生产机械往往要求三相异步电动机快速、准确地停车，而三相异步电动机在脱离电源后由于机械惯性的存在，完全停止需要一段时间，这就要求对三相异步电动机采取有效措施进行制动。三相异步电动机制动分两大类：机械制动和电气制动。

机械制动是在三相异步电动机断电后利用机械装置对其转轴施加相反的作用力矩（制动力矩）来进行制动的。电磁抱闸就是常用方法之一，结构上电磁抱闸由制动电磁铁和闸瓦制动器组成。断电制动型电磁抱闸在电磁线圈断电时，利用闸瓦对三相异步电动机轴进行制动；电磁铁线圈得电时，松开闸瓦，三相异步电动机可以自由转动。这种制动在起重机上被广泛采用。

电气制动是使三相异步电动机停车时产生一个与转子原来的实际旋转方向相反的电磁力矩（制动力矩）来进行制动的。常用的电气制动有反接制动和能耗制动等。

## 一、反接制动控制线路

反接制动是指在三相异步电动机的原三相电源被切断后，立即通上与原相序相反的三相交流电源，以形成与原转向相反的电磁力矩，利用这个制动力矩使三相异步电动机迅速停止转动。这种制动方式必须在三相异步电动机转速降到接近零时切除电源，否则三相异步电动机仍有反向力矩，可能会反向旋转，造成事故。三相异步电动机单向运转反接制动控制线路如图 6 - 25 所示。

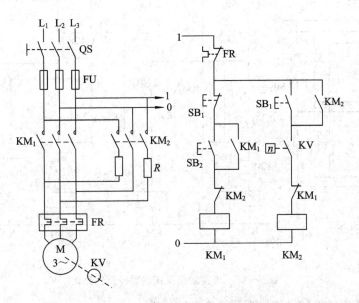

图 6 - 25  三相异步电动机单向运转反接制动控制线路

主电路中所串电阻 $R$ 为制动限流电阻，防止反接制动瞬间过大的电流损坏三相异步电动机。速度继电器 KV 与三相异步电动机同轴，当三相异步电动机转速上升到一定数值时，速度继电器的动合触点闭合，为制动做好准备。制动时转速迅速下降，当其转速下降到接近零时，速度继电器动合触点恢复断开，接触器 $KM_2$ 线圈断电，防止三相异步电动机反转。

线路动作原理为：

起动：$SB_2^{\pm}$——$KM_{1\dot{1}}^{+}$——$\left\{\begin{array}{l}M^{+}(正转)\xrightarrow{n_2\uparrow}KV^{+}\\KM_2^{-}(互锁)\end{array}\right.$

反接制动：$SB_1^{\pm}$——$\left\{\begin{array}{l}KM_1^{-}——\left\{\begin{array}{l}M^{-}\\KM_2(互锁解除)\end{array}\right.\\KM_{2\dot{1}}^{+}——\left\{\begin{array}{l}M^{+}(串R制动)\xrightarrow{n_2\downarrow}KV^{-}——KM_2^{-}——M^{-}(制动完毕)\\KM_1^{-}(互锁)\end{array}\right.\end{array}\right.$

图 6 - 26 为可逆运行反接制动控制线路。图中，$KM_1$、$KM_2$ 为正、反转接触器，$KM_3$ 为短接电阻接触器，$KA_1$、$KA_2$、$KA_3$ 为中间继电器，KV 为速度继电器，其中，$KV_1$ 为正转动合触点，$KV_2$ 为反转动合触点，$R$ 为起动与制动电阻。

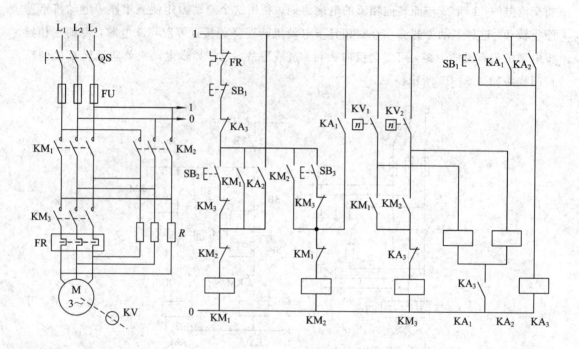

图 6 - 26　可逆运行反接制动控制线路

图 6 - 26 控制线路的动作原理请读者自行分析。

反接制动的优点是制动迅速，但制动冲击大，能量消耗也大，故常用于不经常起动和制动的大容量三相异步电动机。

## 二、能耗制动控制线路

能耗制动是将运转的三相异步电动机脱离三相交流电源的同时，给定子绕组加一直流电源，以产生一个静止磁场，利用转子感应电流与静止磁场的作用，产生反向电磁力矩而制动的。能耗制动时制动力矩大小与转速有关，转速越高，制动力矩越大，随转速的降低制动力矩也下降，当转速为零时，制动力矩消失。

### 1. 时间原则控制的能耗制动控制线路

图 6 - 27 中主电路在进行能耗制动时所需的直流电源由四个二极管组成单相桥式整流电路通过接触器 $KM_2$ 引入，交流电源与直流电源的切换由 $KM_1$ 和 $KM_2$ 来完成，制动时间由时间继电器 KT 决定。

线路动作原理为：

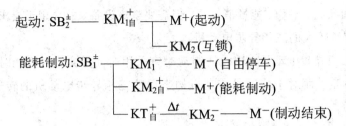

起动: $SB_2^{\pm}$ —— $KM_{1自}^{+}$ ┬── $M^{+}$(起动)
└── $KM_2^{-}$(互锁)

能耗制动: $SB_1^{\pm}$ ┬── $KM_1^{-}$ —— $M^{-}$(自由停车)
├── $KM_{2自}^{+}$ —— $M^{+}$(能耗制动)
└── $KT_自^{+} \xrightarrow{\Delta t} KM_2^{-}$ —— $M^{-}$(制动结束)

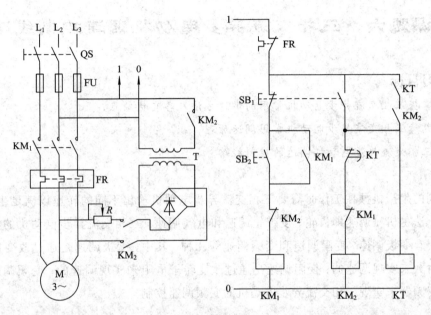

图 6-27  时间原则控制的能耗制动控制线路

### 2. 速度原则控制的能耗制动控制线路

图 6-28 为速度原则控制的能耗制动控制线路,其动作原理与图 6-27 单向运转反接制动控制线路的相似,请读者自行分析。

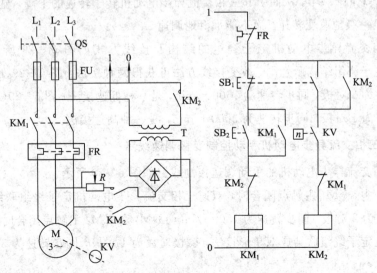

图 6-28  速度原则控制的能耗制动控制线路

能耗制动的优点是制动准确、平稳、能量消耗小，但需要整流设备，故常用于要求制动平稳、准确和起动频繁的容量较大的三相异步电动机。

对于负载转矩稳定的三相异步电动机，用能耗制动时宜采用时间原则，因为此时对时间继电器的延时时间较为固定；而对于能通过传动机构来反映三相异步电动机的转速时，采用速度原则控制较为合适。

# 课题六　三相交流异步电动机调速控制线路

◇ 学习目标

- 掌握三相交流异步电动机常用的调速方法及各自优缺点；
- 熟悉三相交流异步电动机常用调速原理；
- 三相交流异步电动机调速的控制线路。

不同的生产机械在工作时需要三相交流异步电动机输出不同的转速以满足生产需要。常用的方法是机械调速即齿轮、皮带轮调速和电气调速。三相交流异步电动机的电气调速方法主要有变极调速、变阻调速和变频调速等几种。其中，变极调速是通过改变定子绕组的磁极对数来实现调速的；变阻调速是通过改变转子电阻来实现调速的；变频调速目前使用专用变频器来实现三相交流异步电动机的变频调速控制。

## 一、变极调速控制线路

变极调速是通过改变定子空间磁极对数的方式改变同步转速，从而达到调速目的的。在恒定频率情况下，三相交流异步电动机的同步转速与磁极对数成反比，磁极对数增加一倍，同步转速就下降一半，从而引起三相交流异步电动机转子转速的下降。显然，这种调速方法只能一级一级地改变转速，而不能平滑地调速。

双速三相交流异步电动机定子绕组的结构及接线方式如图 6-29 所示。其中，图 6-29(a)为定子绕组结构示意图，改变接线方法可获得两种接法：图 6-29(b)为三角形接法，磁极对数为 2 对极，同步转速为 1500 r/min，是一种低速接法；图 6-29(c)为双星形接法，磁极对数为 1 对极，同步转速为 3000 r/min，是一种高速接法。

### 1. 双速三相交流异步电动机手动控制变极调速线路

双速三相交流异步电动机的手动调速控制线路如图 6-30 所示。

图 6-30 中，$KM_1$ 主触点闭合时，双速三相交流异步电动机定子绕组联结成三角形接法，磁极对数为 2 对极，同步转速为 1500 r/min；$KM_2$ 和 $KM_3$ 主触点闭合时，双速三相交流异步电动机定子绕组联结成双星形接法，磁极对数为 1 对极，同步转速为 3000 r/min。

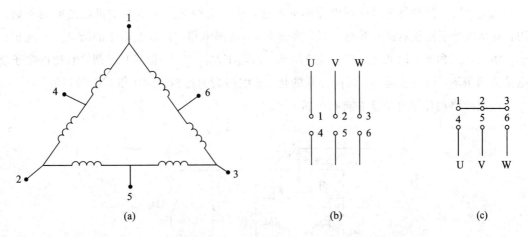

图 6-29 双速三相交流异步电动机定子绕组的结构及接线方式

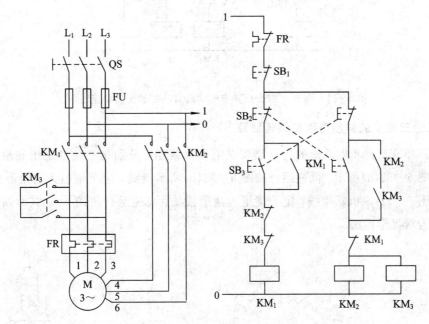

图 6-30 双速三相交流异步电动机的手动调速控制线路

线路动作原理为：

低速控制：$SB_3^\pm$ —— $KM_{1自}^+$ ┬ $M^+$(△连接、低速)

└ $KM_2^-$, $KM_3^-$ (互锁)

高速控制：$SB_2^\pm$ ┬ $KM_1^-$ (互锁) ┬ $M^-$

│ └ $KM_2$(互锁解除)

└ $KM_{2自}^+$, $KM_{3自}^+$ ┬ $M^+$(双Y连接、高速)

└ $KM_1^-$(互锁)

## 2. 双速三相交流异步电动机自动控制变极调速线路

双速三相交流异步电动机自动控制变极调速线路如图 6-31 所示。SA 有三个位置：中间位置，与所有接触器和时间继电器都不接通，双速三相交流异步电动机控制电路不起作用，电动机处于停止状态；低速位置，接通 $KM_1$ 线圈电路，其触点动作的结果是电动机定子绕组接成三角形，以低速运转；高速位置，接通 $KM_2$、$KM_3$ 和 KT 线圈，电动机定子绕组接成双星形，以高速运转。但应注意的是，该线路高速运转必须由低速运转过渡。

控制线路动作原理请读者自行分析。

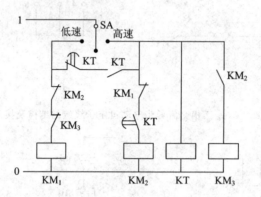

图 6-31　双速三相交流异步电动机自动控制变极调速线路

### 3. 三速三相交流异步电动机调速线路

三速三相交流异步电动机的定子槽安装有两套绕组，分别是三角形绕组和星形绕组，其结构如图 6-32(a)所示。低速运行按图 6-32(b)所示接线，定子绕组为三角形接法。中速运行按图 6-32(c)所示接线，定子绕组为星形接法。高速运行按图 6-32(d)所示接线，定子绕组为双星形接法。

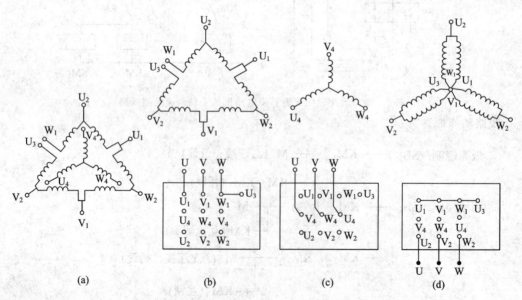

图 6-32　三速三相交流异步电动机的定子绕组接线图

线路动作原理为：

按下任何一个速度起动控制按钮（SB₁、SB₂、SB₃），对应的接触器线圈得电，其自锁和互锁触点动作，完成对本线圈的自锁和对另外接触器线圈的互锁，主电路对应的主触点闭合，实现对三速三相交流异步电动机定子绕组对应的接法，使电动机工作在选定的转速下。显然，这套线路中从任何一种速度要转换到另一种速度时，必须先按下停止按钮，因为三个接触器之间是电气互锁的。

图 6-33 为三速三相异步电动机控制线路，图中 SB₁、SB₂、SB₃ 分别为低速、中速、高速按钮，KM₁、KM₂、KM₃ 分别为低速、中速、高速接触器。

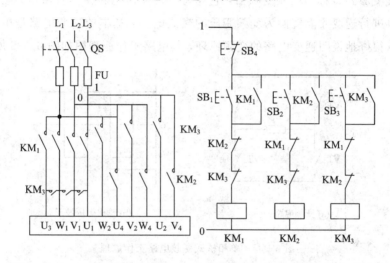

图 6-33　三速三相交流异步电动机控制线路

## 二、变频调速控制线路

变频调速的功能是将电网电压提供的恒压恒频交流电变换为变压变频的交流电，它是通过平滑改变三相异步电动机的供电频率 $f$ 来调节三相异步电动机的同步转速 $n_0$，从而实现三相异步电动机的无级调速的。这种调速方法由于要调节同步转速 $n_0$，故可以由高速到低速保持有限的转差率，效率高，调速范围大，精度高，是三相交流异步电动机一种比较理想的调速方法。

由于三相交流异步电动机每极气隙主磁通要受到电源频率的影响，所以实际调速控制方式中要保持定子电压与其频率为常数这一基本原则。

由于变频调速技术日趋成熟，故把实现三相交流异步电动机调速的装置做成产品即变频器。按变频器的变频原理来分，它可分为交-交变频器和交-直-交变频器。随着现代电力电子技术的发展，PMW（输出电压调宽不调幅）变频器已成为当今变频器的主流。

交-交变频器和交-直-交变频器的结构如图 6-34 所示。

交-交变频器也称为直接变频器，它没有明显的中间滤波环节，电网交流电被直接变成可调频调压的交流电。

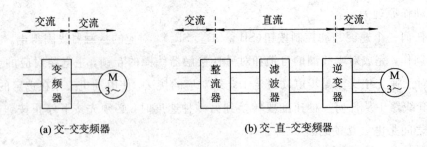

(a) 交-交变频器　　　　　　　　(b) 交-直-交变频器

图 6-34　变频器的方框图

交-直-交变频器也称为间接变频器，它先将电网交流电转换为直流电，经过中间滤波环节之后，再进行逆变才能转换为变频变压的交流电。最基本的逆变电路是单相桥式逆变电路，它可以很好地说明逆变电路的变频原理，其电路工作原理图如图 6-35 所示。

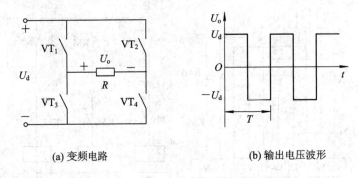

(a) 变频电路　　　　　　　(b) 输出电压波形

图 6-35　单相桥式变频电路工作原理

$U_d$ 为输入直流电压，$R$ 为变频器输出负载。当开关 $VT_1$、$VT_4$ 闭合，$VT_2$、$VT_3$ 断开时，变频器输出电压 $U_o=U_d$；当开关 $VT_2$、$VT_3$ 闭合，$VT_1$、$VT_4$ 断开时，变频器输出电压 $U_o=-U_d$。当以频率 $f_s$ 交替切换导通开关 $VT_1$、$VT_4$ 和 $VT_2$、$VT_3$ 时，在负载上可获得如图 6-35(b) 所示的交变电压波形，其周期 $T=1/f_s$，这样，就将直流电压 $U_d$ 变换成频率为 $f_s$ 的交流电压 $U_o$，也即通过改变 $VT_2$、$VT_3$、$VT_1$、$VT_4$ 导通、关断时间就可以改变输出 $U_o$ 的频率。$U_o$ 含有各次谐波，可通过滤波器获得正弦波电压。

图 6-35(a) 中主电路开关 $VT_1$、$VT_2$、$VT_3$、$VT_4$ 实际是各种大功率半导体开关器件的一种理想模型，主要有快速晶闸管、可关断晶闸管、功率晶体管、功率场效应晶体管和绝缘栅双极晶体管等。

# 实训　常用三相异步电动机控制线路的分析

## 一、任务目标

(1) 掌握常见电气控制系统设计过程及应提交的相关材料。

(2) 掌握常见电气控制系统故障现象及处理方法。

## 二、预习要点

常见电机控制线路工作原理,如何将理论变为实际操作,学以致用。

## 三、实训设备

实训设备如表 6-1 所示。

### 表 6-1 设 备 材 料 表

| 序号 | 名　　　称 | 型号与规格 | 数量 | 备注 |
|---|---|---|---|---|
| 1 | 三相交流电源 | AC380V | | |
| 2 | 三相笼型异步电动机 | YS63-4JT | 1 | |
| 3 | 交流接触器 | CJX2-0910 AC380V | 1 | |
| 4 | 按钮 | LA19-5 | 1 | |
| 5 | 手动开关(或万能开关) | | 1 | |
| 6 | 热继电器 | JR16-20/3 | 1 | |
| 7 | 熔断器 | | 2 | |
| 8 | 端子排 | | 若干 | |
| 9 | 设备导轨 | | 若干 | |
| 10 | 端子排导轨 | | 若干 | |
| 11 | 导线 | | 若干 | |
| 12 | 线扎 | | 若干 | 固定导线 |
| 13 | 异型管 | | 若干 | 端子编号 |
| 14 | 控制柜 | 定做 | 1 | |

## 四、实训内容

### 1. 三相异步电动机单方向运行带点动的控制电路

三相异步电动机单方向运行带点动控制的原理如图 6-36 所示,其电路接线图如图 6-37 所示。

工作过程如下:

1)点动运行

(1)将手动开关 SA 打开,置于断开位置。

(2)按下起动按钮 SB,接触器 KM 线圈得电吸合,其主触头闭合,三相异步电动机运行。

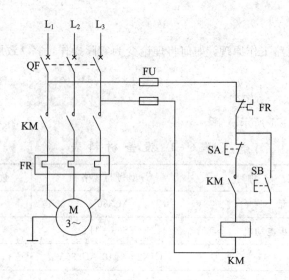

图 6 - 36　电路原理图

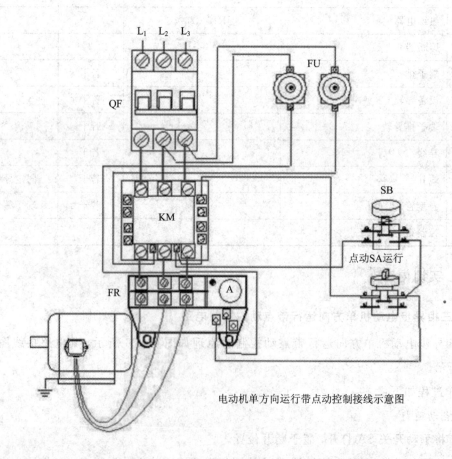

电动机单方向运行带点动控制接线示意图

图 6 - 37　电路接线图

（3）虽然 KM 线圈得电后接触器 KM 辅助常开触点也闭合，但因为 KM 辅助常开触点与手动开关 SA 串联，而 SA 已打开使自锁环节失去作用，一旦松开按钮 SB 则 KM 线圈立即失电，主触头断开，三相异步电动机停止运行。

2）正常运行

（1）将手动开关 SA 置于闭合位置。

（2）按下起动按钮 SB，接触器 KM 线圈得电并自锁，其主触头闭合，三相异步电动机运行。

（3）将手动开关 SA 断开，KM 线圈失电，主触头立即断开，三相异步电动机停止运行。

**2. 三相异步电动机可逆运行控制电路**

为了使三相异步电动机能够正转和反转，可采用两只接触器 KM₁、KM₂ 换接三相异步电动机三相电源的相序，但两个接触器不能同时吸合，如果同时吸合将造成电源的短路事故，为了防止这种事故，在电路中应采取可靠的互锁，图 6-38 为采用按钮和接触器双重互锁的电动机正、反两方向运行的控制电路。

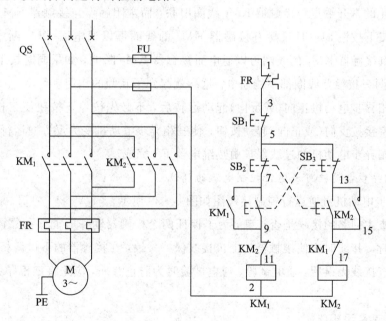

图 6-38　三相异步电动机可逆运行控制电路原理图

工作过程如下：

1）正向起动

（1）合上空气开关 QF 接通三相电源。

（2）按下正向起动按钮 SB₃，KM₁ 通电吸合并自锁，主触头闭合接通三相异步电动机，三相异步电动机这时的相序是 L₁、L₂、L₃，即正向运行。

2）反向起动

（1）合上空气开关 QF 接通三相电源。

（2）按下反向起动按钮 SB₂，KM₂ 通电吸合并通过辅助触点自锁，常开主触头闭合换接了三相异步电动机三相的电源相序，这时三相异步电动机的相序是 L₃、L₂、L₁，即反向运行。

3）互锁环节

互锁环节具有禁止功能，在线路中起安全保护作用。

（1）接触器互锁：KM₁ 线圈回路串入 KM₂ 的常闭辅助触点，KM₂ 线圈回路串入 KM₁ 的常闭触点。当正转接触器 KM₁ 线圈通电动作后，KM₁ 的辅助常闭触点断开了 KM₂ 线圈回路；若要使 KM₁ 得电吸合，必须先使 KM₂ 断电释放，其辅助常闭触头复位，这就防止了 KM₁、KM₂ 同时吸合造成相间短路，这一线路环节称为互锁环节。

（2）按钮互锁：在电路中采用了控制按钮操作的正反转控制电路，按钮 SB₂、SB₃ 都具有一对常开触点，一对常闭触点，这两个触点分别与接触器 KM₁、KM₂ 线圈回路连接。例如按钮 SB₂ 的常开触点与接触器 KM₂ 线圈串联，而常闭触点与接触器 KM₁ 线圈回路串联。按钮 SB₃ 的常开触点与接触器 KM₁ 线圈串联，而常闭触点与接触器 KM₂ 线圈回路串联。这样当按下按钮 SB₂ 时只能有接触器 KM₂ 的线圈可以通电而 KM₁ 断电，按下按钮 SB₃ 时只能有接触器 KM₁ 的线圈可以通电而接触器 KM₂ 断电，如果同时按下按钮 SB₂ 和按钮 SB₃ 则两只接触器线圈都不能通电。这样就起到了互锁的作用。

（3）三相异步电动机正向（或反向）起动运转后，不必先按停止按钮使三相异步电动机停止，可以直接按反向（或正向）起动按钮，使三相异步电动机变为反方向运行。

（4）三相异步电动机的过载保护由热继电器 FR 完成。

4）三相异步电动机可逆运行控制电路的调试

三相异步电动机可逆运行控制接线图如图 6-39 所示。

（1）检查主回路的接线是否正确，为了保证两个接触器动作时能够可靠调换三相异步电动机的相序，接线时应使接触器的上口接线保持一致，在接触器的下口调相。

（2）检查接线无误后，通电试验，通电试验时为防止意外，应先将三相异步电动机的接线断开。

5）故障现象预处理

（1）不起动。检查控制保险 FU 是否断路，热继电器 FR 接点是否用错或接触不良，SB₁ 按钮的常闭接点是否不良。另外，按钮互锁的接线有误也可能导致不起动。

（2）起动时接触器"叭哒"响一声就不吸了。这是因为接触器的常闭接点互锁接线有错，将互锁接点接成了自己锁自己了，起动时常闭接点是通接触器线圈的电吸合，接触器吸合后常闭接点又断开，接触器线圈又断电释放，释放常闭接点又接通接触器，随后接点又断开，所以会出现"叭哒"接触器不吸合的现象。

（3）不能够自锁，一抬手接触器就断开。这是因为自锁接点接线有误。

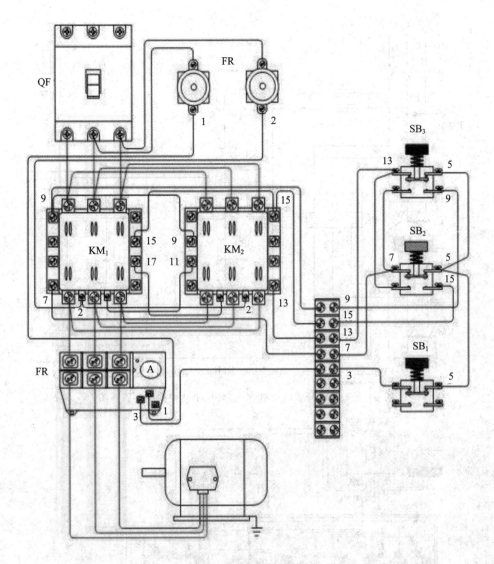

图 6-39　三相异步电动机可逆运行控制接线示意图

**3. 笼型异步电动机 Y-△降压手动控制电路**

笼型异步电动机 Y-△降压手动控制原理图如图 6-40 所示。

凡正常运行时定子绕组接成三角形的是笼型异步电动机，在起动时临时接成星形，待笼型异步电动机起动后接近额定转速时，在将定子绕组通过 Y-△降压起动装置接换成三角形运行，这种起动方法叫 Y-△降压起动。属于笼型异步电动机降压起动的一种方式，由于起动时定子绕组的电压只有原运行电压的 $\frac{1}{\sqrt{3}}$ 倍，起动力矩较小只有原力矩的 $\frac{1}{\sqrt{3}}$，所以这种起动电路适用于轻载或空载起动的笼型异步电动机。

工作过程如下：

笼型异步电动机 Y-△降压手动控制接线图如图 6-41 所示。

（1）合上空气开关 QF 接通三相电源。

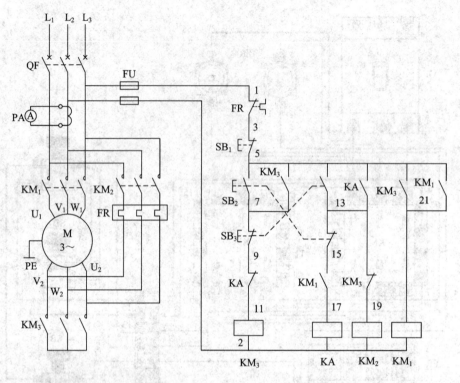

图 6-40　笼型异步电动机 Y-△降压手动控制电路原理图

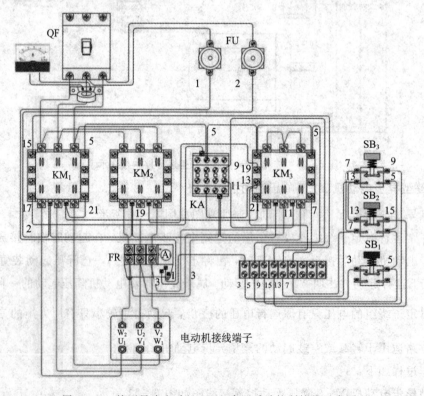

图 6-41　笼型异步电动机 Y-△降压手动控制接线示意图

（2）按下起动按钮 $SB_2$，首先交流接触器 $KM_3$ 线圈通电吸合，交流接触器 $KM_3$ 的三对主触头将定子绕组尾端联在一起。交流接触器 $KM_3$ 的辅助常开触点接通使交流接触器 $KM_1$ 线圈通电吸合，交流接触器 $KM_1$ 三对主常触头闭合接通笼型异步电动机定子三相绕组的首端，笼型异步电动机在 Y 接下低压起动。

（3）随着笼型异步电动机转速的升高，待接近额定转速时（或观察电流表接近额定电流时），按下运行按钮 $SB_3$，此时 $SB_3$ 的常闭触点断开 $KM_3$ 线圈的回路，$KM_3$ 失电释放，常开主触头释放将三相绕组尾端连接打开，$SB_3$ 的常开接点接通中间继电器 KA 线圈通电吸合，KA 的常闭接点断开 $KM_3$ 电路（互锁），$KM_3$ 的常开接点吸合，通过 $SB_2$ 的常闭接点和 $KM_1$ 常开互锁接点实现自保，同时通过 $KM_3$ 常闭接点（互锁）使接触器 $KM_2$ 线圈通电吸合，$KM_2$ 主触头闭合将笼型异步电动机三相绕组联结成△，使笼型异步电动机在△接法下运行。完成了 Y-△降压起动的任务。

（4）热继电器 FR 作为笼型异步电动机的过载保护，热继电器 FR 的热元件接在三角形的里面，流过热继电器的电流是相电流，定值时应按笼型异步电动机额定电流计算。

（5）$KM_2$ 及 $KM_3$ 常闭触点构成互锁环节，保证了笼型异步电动机 Y-△接法不可能同时出现，避免发生将电源短路事故。

1）安装注意事项

（1）Y-△降压起动电路，只适用于△接线，380 V 的笼型异步电动机。不可用于 Y 接线的三相异步电动机因为起动时已是 Y 接线，三相异步电动机全压起动，当转入△运行时，三相异步电动机绕组会因电压过高而烧毁。

（2）接线时应先将笼型异步电动机接线盒的连接片拆除。

（3）接线时应特别注意笼型异步电动机的首尾端接线相序不可有错，如果接线有错，在通电运行会出现起动时笼型异步电动机左转，运行时笼型异步电动机右转，应为笼型异步电动机突然反转电流剧增烧毁笼型异步电动机或造成掉闸事故。

（4）如果需要调换笼型异步电动机旋转方向，应在电源开关负荷侧调电源线为好，这样操作不容易造成笼型异步电动机首尾端接线错误。

（5）电路中装电流表的目的，是监视笼型异步电动机起动、运行的，电流表的量程应按笼型异步电动机额定电流的 3 倍选择。

2）常见故障

（1）Y 起动过程正常，但按下 $SB_3$ 后笼型异步电动机发出异常声音转速也急剧下降，这是为什么？

分析现象：接触器切换动作正常，表明控制电路接线无误。问题出现在接上笼型异步电动机后，从故障现象分析，很可能是笼型异步电动机主回路接线有误，使电路由 Y 接转到△接时，送入笼型异步电动机的电源顺序改变了，笼型异步电动机由正常起动突然变成了反序电源制动，强大的反向制动电流造成了笼型异步电动机转速急剧下降和异常声音。

处理故障：核查主回路接触器及笼型异步电动机接线端子的接线顺序。

（2）线路空载试验工作正常，接上笼型异步电动机试车时，一起动笼型异步电动机，笼型异步电动机就发出异常声音，转子左右颤动，立即按 SB₁ 停止，停止时 KM₂ 和 KM₃ 的灭弧罩内有强烈的电弧现象。这是为什么？

分析现象：空载试验时接触器切换动作正常，表明控制电路接线无误。问题出现在接上笼型异步电动机后，从故障现象分析是由于笼型异步电动机缺相所引起的。笼型异步电动机在 Y 起动时有一相绕组未接入电路，笼型异步电动机造成单相起动，由于缺相绕组不能形成旋转磁场，使笼型异步电动机转轴的转向不定而左右颤动。

处理故障：检查接触器接点闭合是否良好，接触器及笼型异步电动机端子的接线是否紧固。

**4. 三相异步电动机多条件起动控制电路（"逻辑与"电路）**

三相异步电动机多条件起动控制电路的原理图如图 6-42 所示。

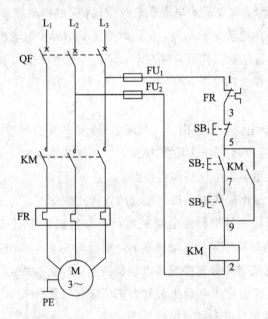

图 6-42 多条件起动控制电路原理图

为了保证人员和设备的安全，往往要求两处或多处同时操作才能发出主令信号，设备才能工作。要实现多信号控制，在线路中需要将起动按钮（或其他电器元件的常开触点）串联。

多条件起动电路只是在起动时要求各处达到安全要求设备才能工作，但运行中其他控制点发生了变化，设备不停止运行，这与多保护控制电路不一样。

工作过程：这是以两个信号为例的多信号控制线路，起动时只有将 SB₂、SB₃ 同时按下，交流接触器 KM 线圈才能通电吸合，主触点接通，三相异步电动机开始运行。而三相异步电动机需要停止时，可按下 SB₁，KM 线圈失电，主触点断开，三相异步电动机停止运行。

常见故障：

（1）$SB_2$、$SB_3$ 任何一个按钮都可以起动。

分析处理：可能是将起动按钮 $SB_2$、$SB_3$ 接成并联了，改成串联相接即可排除故障。

（2）可以起动不能自锁。

分析处理：① 接触器的辅助接点用错，接成常闭了，当接触器吸合时辅助常闭接点是断开的。② 接触器的自锁线 5，错接到 7 的位置，起动完成后 $SB_2$ 接点断开，无自锁电源。

（3）不能停止。

分析处理：接触器的自锁线 5，错接到了 $SB_1$ 前的 3 号线位置，$SB_1$ 不起作用，电源通过 FR 直接接自锁接点向接触器线圈送电，这是很危险的，此时三相异步电动机不能停止，只有断开电源 QF 或熔断器 $FU_1$、$FU_2$ 才能使三相异步电动机停止。

三相异步电动机多条件起动接线示意电路图如图 6-43 所示。

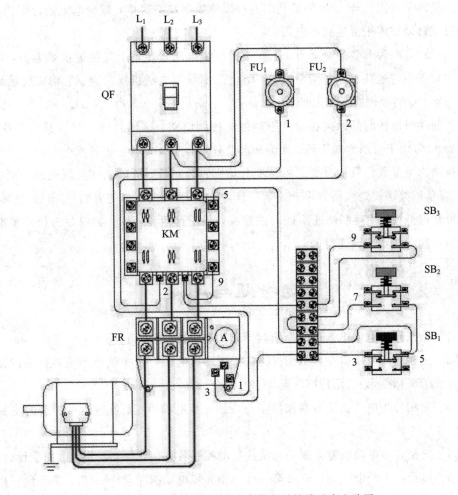

图 6-43　三相异步电动机多条件起动接线示意电路图

# 内 容 小 结

三相异步电动机降压是限制起动电流过大的有效方法之一。其中定子绕组串电阻降压起动控制是在起动时串入电阻，起动完毕后短接电阻，实现全压运行。对于正常运行时三相异步电动机额定电压等于电源线电压，定子绕组为三角形连接方式的三相异步电动机，可以采用星形－三角形降压起动，这种控制线路中从星形起动到三角形运行可以利用通电延时型时间继电器。对于容量较大的正常运行时定子绕组接成星形的笼型异步电动机，可采用自耦变压器降压起动，一般情况下这种控制线路有手动控制和自动控制两种。

三相绕线转子异步电动机转子串电阻降压起动可以有三种控制方式：手动控制、电流原则控制（电流继电器线圈串入转子回路）、时间原则控制（几个时间继电器依次动作、控制接触器短接转子电阻）。转子串频敏变阻器可以使控制线路简单，减少电阻能量损耗，并且随起动过程自动完成平滑地减小电阻。

反接制动是一种有效的制动方法，在三相异步电动机转轴上连接速度继电器，可以使得在制动过程中转速接近零时切断电源，防止三相异步电动机反向旋转。构成反接制动控制线路与正、反转控制有类似之处。

能耗制动可以按时间原则和电流原则组成控制电路。这种制动控制需整流设备（提供直流电源），常用于要求制动平稳、准确和起动频繁容量较大的三相异步电动机。

变极调速可以成倍数地改变三相异步电动机磁极对数，所以能够实现调速控制。其中三角形-双星形接法控制线路有手动控制和自动控制（利用时间继电器）；三角形-星形-双星形接法可获得低速、中速和高速不同的三速度，利用自锁和互锁，实现对三相异步电动机定子绕组不同接法达到调速目的。

# 思考题与习题

6－1　笼型异步电动机常用的降压起动方法有哪几种？

6－2　三相异步电动机在什么情况下应采用降压起动？定子绕组为星形接法的笼型异步电动机能否采用星形-三角形降压起动？为什么？

6－3　三相异步电动机反接制动控制与三相异步电动机正、反转运行控制的主要区别是什么？

6－4　三相异步电动机能耗制动与反接制动控制各有何优缺点？分别适用于什么场合？

6－5　设计一个控制线路，要求第一台三相异步电动机起动 10 s 后，第二台三相异步电动机自行起动，运行 5 s 后，第一台三相异步电动机停止并同时使第三台三相异步电动机自行起动，再运行 15 s 三相异步电动机全部停止。

6－6　现有一台双速三相交流异步电动机，试按下述要求设计控制线路：

（1）分别用两个按钮操作双速三相交流异步电动机的高速起动和低速起动，用一个总停按钮控制双速三相交流异步电动机的停止。

（2）起动高速时，先接成低速后经延时再换接到高速。

（3）应有短路和过载保护。

6-7　某机床主轴和润滑油泵各由一台三相异步电动机带动，试设计其控制线路，要求主轴必须在油泵开动后才能开动，主轴能正、反转并可单独停车，有短路、失压及过载保护等。

6-8　某机床有两台三相异步电动机，要求主三相异步电动机 $M_1$ 起动后，辅助三相异步电动机 $M_2$ 延迟 10 s 自行起动，辅助三相异步电动机 $M_2$ 运行 20 s 后，两台三相异步电动机停止，试用时间继电器设计控制线路。

6-9　设计两台三相异步电动机 $M_1$、$M_2$ 控制电路，要求三相异步电动机 $M_1$、$M_2$ 可分别起动和停止，也可实现同时起动和停止，并有相应的保护。

# 参 考 文 献

[1] 曲昀卿，等. 电机与电气控制技术. 北京：北京邮电大学出版社，2012.

[2] 解建军，等. 电机原理与维修. 西安：西安电子科技大学出版社，2007.

[3] 刘子林. 电机与电气控制. 北京：电子工业出版社，2004.

[4] 李明. 电机与电力拖动. 北京：电子工业出版社，2011.

[5] 孟宪芳. 电机及拖动基础. 西安：西安电子科技大学出版社，2006.

[6] 叶友春. 电工电子实训教程. 北京：清华大学出版社，2004.

[7] 阮水德. 电气控制与 PLC 实训教程. 北京：人民邮电出版社，2012.

[8] 郭东平. 电气控制与 PLC 应用技术. 西安：西安交通大学出版社，2010.

[9] 郭艳萍. 电气控制与 PLC 应用. 北京：人民邮电出版社，2013.